我们一起解决问题

治愈系心理学

陌生情境

爱与依恋的心理学

实　　验

〔美〕贝丝妮·索特曼
（Bethany Saltman）　著

李林　译

人民邮电出版社

北　京

图书在版编目（CIP）数据

陌生情境实验：爱与依恋的心理学／（美）贝丝妮·索特曼（Bethany Saltman）著；李林译. -- 北京：人民邮电出版社，2021.8

（治愈系心理学）

ISBN 978-7-115-56862-5

Ⅰ. ①陌… Ⅱ. ①贝… ②李… Ⅲ. ①实验心理学 Ⅳ. ①B841.4

中国版本图书馆CIP数据核字（2021）第134002号

内 容 提 要

本书作者贝丝妮·索特曼在生下女儿后，深深地爱着女儿，但她感到自己有些不对劲儿。回顾童年的孤独经历、青春期的放纵行为以及刚刚步入成年期后对爱的沉溺，索特曼认为，也许自己早年经历了创伤，心早已破碎了。

后来，索特曼发现了依恋理论和陌生情境实验。开始学习依恋科学后，索特曼对爱、对家庭、对过往经历乃至对自己的认识都发生了翻天覆地的变化。她发现自己的心没有破碎，爱是坚不可摧的。通过陌生情境实验，索特曼发现了一个震撼人心的真相：真正对孩子产生影响的，不是母乳喂养和陪伴式睡眠等外在行为，而是我们内心对爱的认识和感受。我们通过心与心传给下一代的是我们对爱的认识和感受。这项研究结果振奋人心，因为我们完全有能力改变我们内心的认识和感受。

本书的行文不但体现了作者理性的科学分析，而且还交织着感性的抒情，洋溢着积极向上的生活态度。在阅读本书的过程中，读者不仅可以了解一位母亲对自身经历的思考和对家庭未来的期盼，还可以通过书中讲解的心理学工具更好地理解自己的往日经历及今天的各种关系。

◆ 著　　　［美］贝丝妮·索特曼（Bethany Saltman）
　　译　　李　林
　　责任编辑　黄海娜
　　责任印制　胡　南

◆ 人民邮电出版社出版发行　　北京市丰台区成寿寺路11号
　　邮编 100164　电子邮件 315@ptpress.com.cn
　　网址 https://www.ptpress.com.cn
　　大厂回族自治县聚鑫印刷有限责任公司印刷

◆ 开本：880×1230　1/32
　　印张：10.5　　　　　　　　　　2021年8月第1版
　　字数：250千字　　　　　　　　2021年8月河北第1次印刷
　　著作权合同登记号　图字：01-2021-3296号

定　价：59.80元

读者服务热线：（010）81055656　印装质量热线：（010）81055316
反盗版热线：（010）81055315
广告经营许可证：京东市监广登字20170147号

本书获得的赞誉

这部作品纠正了我们的错误观念，给人启迪、发人深思……索特曼在书中讲述自己养育女儿的心路历程和依恋科学的发展历程，两条叙事线索紧密结合在一起。

——《华盛顿邮报》(*The Washington Post*)

《陌生情境实验》一书独具特色，充满思考——它是一本回忆录、一部社会科学著作、一部玛丽·安斯沃斯的生平传记，也是一本自助类图书。索特曼如实讲述了自己的心路历程，正在与心魔抗争的广大父母读完本书后，定会对她充满感激之情。

——《华尔街日报》(*The Wall Street Journal*)

阅读《陌生情境实验》会给你带来变化。它将社会科学和个人回忆录巧妙地交织起来、引人深思，如果你敞开心扉、接纳它的独特魅力，那么从此以后，当你拥抱一个人、开怀大笑或听到婴儿啼哭时，你会有别样的感受与更深的认识。

——薇妮斯蒂·马丁（Wednesday Martin）
畅销书《我是个妈妈，我需要铂金包》(*Primates of Park Avenue*) 作者真诚以至尖锐、新颖以至大胆、丰富以至惊人。贝丝妮·索特曼在这部自传中梳理往事，获得关于依恋的感悟，并将这些感悟巧妙地与玛丽·安斯沃斯等依恋研究者的研究成果相结合，讲述了自己的原生家庭和三口之家的依恋故事，在精心编排的叙事结构中，深刻的感悟接连呈现在读者面前。这本有关依恋的书讲述了我们在降生后及长大成人的过程中如何学会去爱。这是一部深刻而优美的作品。

——安德鲁·所罗门（Andrew Solomon）
美国国家图书奖获奖作品《正午恶魔》（*The Noonday Demon*）作者

本书通过优美的文字探究了一个问题：人之所以为人，是因为有人类关系。作者索特曼历经女儿、妻子和母亲三种身份，她将这些经历与依恋科学和该领域奠基人之一玛丽·安斯沃斯的身世巧妙地糅合在一起，帮助我们以一种全新的视角观察自己、观察我们与我们所爱之人之间的关系。

——洛莉·戈特利布（Lori Gottlieb）
畅销书《也许你该找个人聊聊》（*Maybe You Should Talk to Someone*）作者

贝丝妮·索特曼的新书细致而有力，使我以一种全新的视角看待自己的童年和养育子女的方式。本书叙事风格独特，往事仿佛史诗剧般展开，读的过程中我的内心充满酸甜苦辣，同时又产生很多问题，让我爱不释手。

——蔡美儿（Amy Chua）
畅销书《虎妈战歌》（*Battle Hymn of the Tiger Mother*）作者

我要对你做一期访谈，谈谈你的童年经历，看看童年经历对你成年后的性格产生了哪些影响。为此，我需要了解你和你的家人之间的早期关系，以及在你看来，你和家人之间的早期关系对你产生了哪些影响。我们将主要讨论你的童年，然后再讨论你的青春期和现在的生活……

——《成人依恋访谈协议》

（*Adult Attachment Interview Protocol*）导言

我对科学有一种独特的瘾，我想理解每一个个案。如果有一个个案与我的假设相悖，我要找出原因。

——摘自玛丽·安斯沃斯 1983 年的信件

推荐序

  本书是一部优秀且重要的著作，作者贝丝妮·索特曼不仅对依恋这门科学做了的简明扼要的总结并提出了深刻的见解，而且还通过优美的写作手法，将其在创作过程中对自身生活的理解穿插其间，她仿佛一位向导，带我们领略她的无所畏惧的心路历程。本书不仅从学术的视角，而且还从作者的个人视角讲述了依恋及其对人类个体发展的影响。作者通过引人入胜的写作手法和令人赞叹的勇气鼓舞我们反思过去，从而使我们当下的注意力更加灵活并解放自我，进而使我们在未来成为心目中的自己。依恋研究已经有力地证明，这正是个体在任何年龄段形成"安全型依恋关系"的关键行为。它仿佛"大脑的时空穿梭机"，将过去、当下和未来联系在一起，帮助我们理解过去的经历、如何适应这些经历以及早期关系在个体发展的整个过程中如何影响我们。

约翰·鲍尔比（John Bowlby）博士与玛丽·安斯沃斯（Mary Ainsworth）博士率先提出依恋理论并开展相关研究工作。依恋理论与研究工作对人类个体的发展进行严谨的探索，专注于跨文化、跨代的实证研究，而且随着科学技术的发展使人们的观念不断更新，这些都成为依恋理论的强大之处。十年前，贝丝妮·索特曼第一次联系我并和我探讨这门科学时，我们讨论了她如何能够更深入地学习依恋理论。同时，由于实证研究报告较为深奥，一般只面向学者和学生，所以我们还讨论了如何将依恋的学术研究成果向普通人推广。此外，我们还讨论了依恋研究中的一些深刻见解，并且从中揭示出，我们通过新的认识会更注重当下内心时时刻刻的感受，同时也更注重当下与子女的交流。在此过程中，无论我们过去的依恋经历多么不如意、多么令人伤心，我们仍然可以逐渐理解这些经历。这样我们就可以习得安全感，或者可以"赢得"安全感，这一发现初听起来，时常让人感到惊讶。人们时常会问，过去的事情无论是否让人感到伤心，既然它们已经过去了，而且无法改变，那么，为什么回忆它们会对个体有益呢？这个问题的答案既简单又深刻：我们确实无法改变过去，但奇异的是，虽然我们无法改变过去，但我们可以通过理解过去来改变我们对过去的认识，从而改变过去对我们的当下和未来的影响。过去对我们的影响是可以改变的。那么我们如何理解过去呢？首先，我们要理解依恋的本质、我们对记忆的编辑与存储方式以及记忆对我们自传式叙事的影响，即对我们心中的往事、我们对自身在这个世界上的"身份感悟"，尤其是我们与他人交往中的"身份感悟方式"的影响。

这些道理听上去难免让人感到抽象、晦涩。正因为如此，所以本书能够施展其神奇的力量，让读者理解依恋这一宽广的领域，而且，如果读者愿意敞开心扉，它还能帮助读者理解其自身的生活经历。作者将依恋的研究框架与自身的思考交织在一起，一方面恰到好处地讨论这门科学，使读者既能够得到清晰而详细的认识，又不至于被海量的信息压垮，因为读者如果需要，可以根据书中的内容查找更多相关信息。另一方面我们可以与作者一起踏上一场引人入胜的自传式心路历程。由于我们的大脑不但能够处理客观事实，而且能够处理主观认识，并且这两类信息由大脑中不同的神经网络处理，所以，当本书穿梭于上述两方面的信息时，读者会与我一样，体验到完全不同的感受。在这幅由科学知识和个人思索交织起来的画面中，在每一个认识层面上都蕴含着一种视角，使我们更加深入地理解依恋，这些视角不但令人信服，而且更加有效。

读者将在本书中深入理解生活的诸多方面，如针对子女早期的依赖，父母回应的敏感程度会深刻影响子女学习调节自身情绪的方式、子女逐渐认识他人心理和自己心理的方式以及子女获得自我调节能力、见解与共情的方式。读者还会发现，基于婴儿陌生情境实验（让婴儿与陌生人处于陌生环境中的实验）这条"金科玉律"般的研究方法与成人依恋访谈所揭示的父母对往事的理解过程之间存在关联。此外，读者还会发现，在父母的深刻影响下，子女的个体发展经历又会影响其与同龄人、教师甚至成年后的伴侣之间的交流方式。读者在了解这些有趣且重要的科学知识时，还将有幸跟随作者的思考，并在作者的引导下熟悉自传式思索过程。有研究表明，自传式思索过程具有重要作用，能够使父母习得如何注重当下与子女的交流——与子女形成情感联结、保障子女的安全，在关系破裂时通过交流予以修复，这正是亲子依恋关系中子女形成安全感的基础。

本书的创作过程历时十年，我们能够读到本书实属幸运，然而，我们的向导感悟良多，她给予我们的馈赠还不止于此。她不仅禅修并与乔·卡巴金（Jon Kabat-Zinn）等人交流，而且还与依恋领域的领袖级人物交流，学习了陌生情境实验和成人依恋访谈的培训课程。同时，她还与该领域的专家和学者建立了良好的友谊，如米莉安·斯蒂尔（Miriam Steele）和霍华德·斯蒂尔

（Howard Steele）、鲍勃·马尔文（Bob Marvin）、艾伦·苏劳菲（Alan Sroufe）。此外，她还得到许可，查阅并引用玛丽·安斯沃斯的个人档案。通过与这些领袖级人物进行对话及邮件交流，作者得到了他们的"真传"，这也是本书的另一个特点，使本书得以将个人思索与科学知识交织为一篇引人入胜、发人深思的画面。

我是一名儿童精神科医生、教育工作者，也是一个父亲。在我的职业发展过程中，依恋科学是我受到的教育中最重要的部分。记得在我接受科研培训期间，在一次聚会中，我与依恋领域的两位玛丽——玛丽·安斯沃斯和玛丽·梅因（Mary Main）共进晚餐，我们坐在一起畅谈了三个小时，那次经历给我带来了转变。当时，餐馆里环境嘈杂、十分热闹，两位玛丽要探过身来，我们才能听清彼此讲话。我们探讨了各种问题，包括创伤、大脑构造，以及自我意识的形成。那个晚上，我认识到个体发展过程的强大之处，它能够深刻地影响个体对生活的理解。依恋理论与研究是一门深奥的科学，这门科学建立在精心收集的实证观察数据之上；它包容文化差异，采取纵向视角，让我们深刻地领悟到个体在一生中如何发展与变化。各种关系是人类生存和大脑发育的核心因素，这是依恋的内涵，也是一个根本事实。我还从事人际神经生物学的研究工作，在该领域搭建跨学科理论框架的过程中，依恋理论正是该理论框架的基石之一，它为我们指出，看似迥然不同的学科之间，实则存在关联，如人类学、社会学、语言学、心理学、生物学、物理学，甚至数学。

《陌生情境实验》是一场探索，能够邀请广大读者一起参与这场探索是我的荣幸。如果你愿意参加这场探索之旅，那么贝丝妮·索特曼将为你引路、与你相伴、向你倾诉、给你启迪。来吧，踏入依恋科学的大门吧，让我们从内心开始，由内而外地理解我们的生活。祝你在这趟旅程中感到快乐！

——丹尼尔·J. 西格尔（Daniel J. Siegel）

医学博士

目录

当女儿阿嘉丽娅呱呱坠地时，现实生活让贝丝妮·索特曼感到伤感。"我算什么母亲？我算什么人？"这些问题苦苦地纠缠着贝丝妮。当贝丝妮偶然间发现了有关依恋的科学研究时，她似乎有所领悟。然后，她知道了陌生情境实验及这个实验的设计者——玛丽·安斯沃斯。在安斯沃斯智慧的启迪下，贝丝妮迈入了有关爱与依恋的科学研究，开始了一场心路历程。

贝丝妮回想起小时候父母对自己视而不见，哥哥们对自己不理不睬，她在家中感到孤独、伤心并渴望得到拯救。怀孕后的贝丝妮全心全意地满足腹中宝宝的需求，这让她感到心满意足，她一心想做一个好母亲，而且要比自己的母亲做得好。但那时她没有想到，过去与现在、快乐与失落、安全与孤独的结合，将会产生如此美好的联结。

自从开始了解依恋、陌生情境实验及成人依恋访谈后，贝丝妮想要通过依恋理论的视角审视自己的生活。从第一次现场观看陌生情境实验，到去美国国家心理学博物馆和美国心理学历史档案馆查阅有关玛丽的生平资料和档案及玛丽的巴尔的摩研究项目的观察笔记，再到参加依恋研究者培训课程，贝丝妮将所学内容用于了解和分析自己的前半生。

当父亲突然把头探进卫浴间时，贝丝妮大喊"别！叫我妈来！"7岁那年的卫浴间事件一直萦绕在贝丝妮的心间，并让她怀疑自己小时候是否遭受过虐待。回想自己的前半生，孤独的童年、叛逆的青春期、欲罢不能的爱情和养育女儿的痛苦，贝丝妮开始担心阿嘉丽娅也会出现青春期叛逆、愤怒和不服管教等问题。更让她担心的是，她害怕女儿会按照自己的模子成长下去。

为了更深入地了解自己及与阿嘉丽娅之间的母女关系，贝丝妮决定做一次成人依恋访谈。在得知自己及母亲的依恋类型是安全自主型后，贝丝妮的感受发生了变化，一幅崭新的画卷展现在她的眼前，原来自己算不上什么"大坏蛋"。不管我们的依恋模式如何，审视自己都会让我们感到烦恼，尤其当我们不知道如何审视自己时，我们会感到烦躁，缺乏安全感，但这是值得的。

自从女儿降生和了解、学习依恋理论及陌生情境实验后，贝丝妮开始质疑自己之前的许多认识，比如自己与两个哥哥的关系或许并没有那么糟。当再次看自己童年时的照片时，贝丝妮有了不同的感受，感到自己以前并不孤单。反反复复，从古至今，贝丝妮觉得大家形影不离，无论是聚、是散、是伤、是愈，都在一起。这个情境既陌生又美好。

序 幕

那天是星期五，我用验孕棒测试，结果为阳性。该来的终于来了。我的丈夫赛耶在一家临终安养院做社工，他收到我的消息后立即请假回家找我。我坐在门前的大石墩上，手里攥着粉色的验孕棒，仿佛攥着一根魔杖，它已经彻底改变了我们的生活，不可回头。

以前，我并没有一心想要孩子。那时，我要写作，我要生活，我要禅修，我的热情都花在了如何塑造自我上。后来，在我36岁时，我认识到，生活中有一些事情只有在为人父母后才能领会。

我想得没错。

我的女儿出生于2006年，我为她取名为阿嘉丽娅。虽然初为人母时我只感到一点隐隐的好奇，但当我看到她那小耳朵的轮廓是那么完美、深陷的蓝眼睛是那么漂亮，她带着乳味的呼吸是那么甜美，指甲是那么微小，我的心都要化了，我对她的爱是全心全意的、毫无保留的，想到这里我又感到很欣慰。

但是好景不长，我发现了一些问题。当女儿的啼哭声打断我手头正在做的事情时，我感到怨恨。当她不停哭闹、无法安静时，我又急又气，心神不定。她六个月大时，有一次，她本该小睡一会儿，但却一边哭一边拉着婴儿床的边柱要站起来。那一刻，我突然感到怒火中烧。我坐在女儿房间的地板上，抑制不住心中的怒气，冲着她大吼："快睡觉！"

我开始回想自己与家人、朋友、前几任男友之间出现过的矛盾，甚至与自己之间存在的矛盾。想到这里，我便觉得自己也应当预料到，自己和女儿的关系也会出现矛盾。我总是忧心忡忡，担心自己是一个受过伤害的人。我的童年缺少关爱，甚至有童年创伤的迹象，所以一定被某种叫不上名的东西给害了。我认为自己的心早已经破碎了，没有能力真正地给予爱，也没有能力真正地获得爱。我想我是一个极不称职的母亲，这可以说是意料之中的事情；而且考虑到我的母亲就是一个拒人于千里之外、冷冰冰的人，就更是如此了。当年，我的父母让我的两个哥哥照顾我，就这样把我拱手送入了虎口，因为两个哥哥从没有爱护过我。后来，在我 12 岁时，也就是当我写本书时阿嘉丽娅的年纪，我的父母离异了，父亲南下去另一个州生活，但我却丝毫没有在意，因为我已习惯了孤独。

这就是我前半生的遭遇。

后来，我发现了有关依恋的科学研究。那时，"亲密育儿法"（attachment parenting）十分盛行，但当我深入地钻研依恋领域几十年来严谨的研究成果时，我发现，这种养育法的观念在很多方面与依恋的研究结果相左。我开始怀疑自身的问题是出自我对自己的认识，而不是因为身体的某些功能失灵。

依恋理论的核心是通过进化论来解读为什么父母与子女之间会存在紧密的认同感，以及为什么这种紧密的认同感有时可以达到让人无法忍受的程度。所有哺乳动物的新生儿为了生存，为了得到喂养，为了不受天敌的侵害，都会依恋其养育者。人类的新生儿在降生后只具备最基本的机体功能，所以，婴儿要全方位地依赖养育者的呵护，在某种意义上，亲子在许多年里是一个整体。

当阿嘉丽娅呱呱坠地时，现实让我感到伤感。回想十月怀胎，我们之间毫无保留，我的呼吸就是她的呼吸，我吃的饭就是她吃的饭，我们是不容置疑的一个整体。而现在，现实一下变得很无情，我是我，她是她。我气呼呼地坐在这边，她被裹在襁褓中躺在那边。她需要我，向我提出需求，而我却不想满足她，也觉得没有必要满足她。

我算什么母亲？我算什么人？这些问题苦苦地纠缠着我。

当我偶然间发现了有关依恋的科学研究时，我似乎有所领悟，但在那时还不能予以明确的表述。当我阅读相关文献时，时而会读到一项实验，叫作"陌生情境实验"，用于在临床研究中观察并评估养育者（初期大多为母亲）和1岁婴儿之间的依恋模式。在陌生情境实验中，母亲带着婴儿进入一个房间，房间内有两把椅子，地上有一些玩具。母亲坐下来，婴儿开始玩玩具，或者母婴也可以自行安排活动。这时，一个陌生人进入房间，同时母亲离开房间，把婴儿和陌生人留在房间内；而后陌生人也离开房间，把婴儿独自留在房间内。研究人员认为，婴儿接下来的表现将揭示这对母婴之间的关系中某种深层次的属性，它将影响这个婴儿的一生。后来，我还认识到，它也将影响这个母亲的后半生。

陌生情境实验可以告诉我，我到底是一个什么样的母亲，这立即吸引了我。我希望我的所学能够让我得到解脱，让我不再担心我给女儿造成了什么伤害。我更希望尽可能地学到关于陌生情境实验的一切知识，因为我觉得陌生情境实验可以引领我并告诉我爱的某种重要内涵。这时，我立即被陌生情境实验的设计者——玛丽·安斯沃斯教授——吸引住了。

安斯沃斯生于 1913 年，卒于 1999 年。她在依恋领域内是一位著名专家，也是一位毫无争议的优秀研究者和理论家。当年，《纽约时报》（New York）为她发表讣告，称"在这位发展心理学家的努力下，我们对母婴之间情感纽带的认识有了翻天覆地般的全新认识"。带着对母婴关系的疑问，怀着对科学方法论的热情，安斯沃斯将整个职业生涯都用于观察亲子之间的动态关系并形成自己的理解。最初，在 1954 年的几个月里，她开始在乌干达进行研究，而后在 1964 年至 1967 年间，她来到美国巴尔的摩市继续进行研究，她的研究工作无论是在深度上还是在严谨程度上，都是无可比拟的。她将自己在乌干达做研究的经历称为"阴差阳错中的一场实验"。那时，她听说当地人有一种给婴儿断奶的仪式，她非常想去了解，结果发现那不过是一个传言。事实上，她去非洲的唯一原因，是她的丈夫执意要去那里做项目。于是，在 20 世纪 50 年代，她就夫唱妇随地和比她还年轻的丈夫一起去了那里。她是一个闲不住的女人，决定要做自己的研究。她想研究亲子之间早期的依恋。

安斯沃斯每两周要去拜访 26 对当地家庭中的母亲和婴儿。她和这些母亲攀谈，观察婴儿在地上爬来爬去、摇摇晃晃地走向母亲，她想知道，为什么一些母婴关系让人感到轻松惬意，而另一些则让人感到缺乏情感联结并充满矛盾。于是，她开始形成自己的理论假设。虽然她在乌干达开展研究的决定有些贸然，未经过深思熟虑，但无可辩驳的是，这项研究开了先河，正是在她一手打造的平台上，今天的依恋理论开始了漫长而繁杂的研究史。

也正是这个平台上积累起来的真知灼见改变了我的后半生。

在《依恋手册》（*Handbook of Attachment*）第三版的开篇中，作者朱迪·卡西迪（Jude Cassidy）和飞利浦·R. 沙维尔（Phillip R. Shaver）提到玛丽·安斯沃斯及其同事约翰·鲍尔比（John Bowlby）时这样说道："他们可能做梦也没有想到，他们的理论研究工作开创了心理学 20 世纪和 21 世纪最广泛、最深刻且最富创造性的研究方向。"

虽然在安斯沃斯身处的时代，网络搜索还没有出现，她更不可能想到，今天的我们在网络上搜索"依恋"时会出现几百万条搜索结果，但在当时，她确实已经认识到，这个研究领域蕴藏着巨大的价值。1968 年 1 月 2 日，她写信给自己的研究生兼研究伙伴西尔维娅·贝尔（Sylvia Bell）说："我们踏入的这个研究领域困难重重，但意义重大，我们需要小心摸索……我们不能与它失之交臂！"

她说得没错。随着依恋领域研究工作的蓬勃发展，研究报告显示，我们做的几乎每一件事——关爱他人、工作、谈婚论嫁、进行创造性活动、领导他人，甚至翻看网页、吃喝、学习、睡觉和性生活，都可以通过我们生命初期的依恋关系予以解读。与此同时，依恋领域自身也在发展变化，它变得更加精细并影响其他研究领域，如精神病理学、生理卫生学、神经生物学和遗传学。此外，虽然该领域起初的研究对象是母亲，但现在，婴儿也可以与父亲和无血缘关系的养育者形成同样的依恋关系的观点已经得到了广泛的认可。今天的研究人员认为，1岁大的婴儿已经形成根深蒂固的依恋模式，完全可以观察到并予以分类；依恋模式对个体发展的意义比性格、智商、社会阶层和养育方式都重要。依恋领域首席统计学家马里努斯·范·伊真多恩（Marinus van IJzendoorn）指出，目前在全球范围内，有约两万个研究项目通过陌生情境实验开展研究工作，研究对象涵盖多种类型的亲子关系——神经典型和神经非典型型亲子关系、普通的和存在特殊障碍的亲子关系、富有家庭和贫穷家庭的亲子关系。简言之，陌生情境实验可以说是评估儿童与养育者之间依恋关系的放之四海而皆准的金科玉律。一些研究人员甚至通过陌生情境实验考察人类与宠物猫、狗和黑猩猩之间的关系。

韩国的一个研究团队近期公布了一项关于爱彼迎民宿房主对爱彼迎品牌依恋关系的研究，依恋理论应用范围之广可见一斑。

为了建立并加强民宿房主对爱彼迎平台的依恋关系，爱彼迎公司管理者应当认识到每位民宿房主都是公司的业务伙伴并公开承认这一点。对于公司的一切事务，公司都应当做到心中有他们，与他们建立情感联结，与他们分享信息，让他们随时了解最新动态，与他们协作。民宿房主心中有了归属感，就会与公司和其他民宿房主建立依恋关系，最终做到心中有责任、言行有担当。

我不知道如果玛丽见到自己的依恋理论已经延伸到这里，她是会暗自发笑，还是会皱眉纠结，我真想目睹她的反应。我知道，她一定有某种让我出乎意料的真知灼见。

当我迈入玛丽·安斯沃斯的世界后，我对依恋理论的热情开始增加。令我赞叹的不再只是她的研究工作，更是她的人格魅力。她可不是高高在上、从学术层面打造理论的才女；她是一个内心勇敢的普通人，爱吃烤鸡，爱喝波旁威士忌，爱跳舞，可以整晚与人畅谈，也会坐在电视前观看网球赛。她是一个极其随和的人，追求美好的事物，她喜欢买衣服，喜欢漂亮的物品，对各种人、各种思想都抱有热情。我读着她的信，研读她所做的母婴研究的原始数据，感到她的言语郑重而坦率，并为此着迷。在观察他人家庭关系和自身家庭关系时，她能够从茫茫信息中摸索出依恋关系的普遍规律，这令我惊叹不已。研读她的生平和她的研究成果，令我感到振奋，慢慢地我开始真正理解依恋理论，而且认识到依恋理论的精彩之处。它又怎么会不精彩呢？

虽然我永远见不到安斯沃斯了，但我已经痴迷于她，我感到她一直在另一个世界为我指点迷津。我开始把她变为自己的一部分，通过她的双眼来审视我的生活，像她那样理解我自己心中的依恋关系。虽然我开始进行研究时，她已经离世十年了，但在我的心中，我们已经变得亲密无间。我有一个吓人的想法，我想要这位善良、和蔼、富有同情心的专家审视我，然后我再像她审视我那样审视我自己和我的各种关系。

在安斯沃斯智慧的启迪下，我迈入了有关依恋的科学研究，开始了这场心路历程，我要与安斯沃斯的智慧融为一体。

我在纽约市一家依恋实验室现场看到了真实的陌生情境实验。我乘飞机去俄亥俄州的阿克伦市，只为读一读已经公开的玛丽·安斯沃斯的信件，其中不但有机打的信件，还有她手写的整洁的信件。我报名参加了一项通常只面向心理学工作者的培训课程，学习陌生情境实验的编码方法。我还去过弗吉尼亚州的夏洛特维尔市，拜访了安斯沃斯的弟子，他是安斯沃斯的遗嘱执行人。这位头发花白的老人给我看了安斯沃斯所做的陌生情境实验的笔记手稿和她父母用过的一套银茶具。当我听说"成人依恋访谈"（Adult Attachment Interview，AAI）可以确定成年人的依恋模式，就像面向成年人的陌生情境实验时，我想方设法找到了一位世界级专家为我做了这个访谈。虽然在正常情况下，成人依恋访谈对访谈对象是有一定要求的，而且访谈对象也不会像我那样会得知自己的"打分"，但我还是不满足，毕竟这是别人对我的评估结果。于是，我和丈夫赛耶以及一群博士研究生和临床医师一起参加了一项为期两周的强化培训课程，学习成人依恋访谈的编码方法。

这一路走来，阿嘉丽娅始终在我的脑海、心间。我根据所学的知识，观察她的变化，以及我们相依相伴的生活面貌，并憧憬着她的未来。

"你是心理学工作者吗？"人们总是这么问我。

"不是。"我答道。

"那你是社工？要不就是一位治疗师？"

"都不是，"我说，"我只是一个文字创作者，上有老母亲，下有小女儿，我想要了解母婴依恋的原理。"

我在轻轻地叩门，想要探究玛丽·安斯沃斯的传承。

玛丽·安斯沃斯留下了一笔宝贵的精神财富，拨开云雾我们会发现，深藏于其中的内涵与科学无关，而是那么温馨：

最重要的不是照料，而是交流；交流融洽的母婴二元关系尤为明显的一点，也是其交流融洽的特征，就是双方都能够让对方感到较高程度的愉悦。

"愉悦"这个概念虽然听上去轻松惬意，却给我带来了翻天覆地般的变化。感到愉悦是依恋的一个方面，我花费了多年才能理解它、消化它，而后又花费了更多时间才体验到它。今天，我通过它来审视生活的各个方面：阿嘉丽娅能给我带来愉悦吗？我和阿嘉丽娅都能给对方带来愉悦吗？生活能让我像玛丽一样感到愉悦吗？那些可爱的宝宝和不完美的母亲能让我像玛丽一样感到愉悦吗？我能让自己感到愉悦吗？哪怕只是一点点呢？

我可以在一些时候让自己感到愉悦，但不能随时让自己感到愉悦。每天，总会有片刻的时光让我感到愉悦。阿嘉丽娅笑了，我也笑了，我感到愉悦。光滑细腻的黄油在热锅中吱吱作响让我感到愉悦；新买的鞋真合脚；一个人在讲述自己一天的经历，另一个人在倾听；遇到情急的事时我大吼大叫，而后逐渐恢复平静；我期盼已久的一本书终于送到了；阿嘉丽娅在练习踢球时踢进了她人生中的第一个球，又恰巧被我看到；我睡去又醒来，我们无一例外；太阳落到树林后面去了，我的心思也随着它去了。想要真正感到愉悦，就要接纳一切，甚至是一天时光的结束。在冬季阴冷的黄昏中，我听到赛耶开车回来了，我期盼着晚上彼此相伴的时光。

我对玛丽·安斯沃斯产生了敬爱之情，这让我认识到，爱一个人不需要付出太多的努力。我还认识到，当爱发挥它应有的功能时，是自然而然的，是与生俱来的；它几乎是不可察觉的，就像消化功能和呼吸功能一样，是我们机体的一部分。如果爱像呼吸一样简单，该有多好。

可惜爱并不简单。事实上，爱如此微妙，我花费了近 50 年，在一位专家的精神指引下才找到它，而它原本是我天生的属性，寻觅50 年后，我才认识到这一点。实际上，一直以来，我所感到的痛苦正是我心中的爱，因为痛苦的下一站就是爱。这就像我小时候，总躲着大人，藏在自己的房间里，盯着杂志背面印的视错觉图片看——一会儿是彼此对视的两张侧脸轮廓，过了一会儿两张脸之间的轮廓变成了一盏灯，再过一会儿又回到了原先的两张侧脸。

痛苦会变为爱，分别会变为情感联结。如果没有独处的哀伤，我永远不会发现我的归属感有多深。

在过去十年间，我一直在钻研与依恋有关的问题，慢慢的我发现，虽然依恋是 20 世纪诞生的最为重要的思想流派之一，但其内涵是一个神秘的见解：依恋不是一种行为，而是一种内心状态。一个安全型依恋的、"自主"的成年人只是具备"重视依恋"的内心状态而已。所以，虽然下文讲述的是我的经历，但我希望读者能够以之为鉴，发现有关内心的一项重要理论，这项理论让我爱得更轻松，希望它也能让你爱得更轻松。

然而，这并不是说我走过的心路历程很轻松，也不是说这条心路很笔直。多年以来，我走过的路更像一场梦幻。我把依恋这枚宝石当作一块三棱镜，用手高高地擎起它来观察世界，更确切地说是观察我的世界。随着光线闪烁、不断变换，我反复质疑自己的认识和假设，以至于我时常反问自己为何要自寻烦恼，为何要费尽心力钻研如此隐晦、复杂的东西？

时至今日，我才看清，因为我对阿嘉丽娅爱得太深，所以我不惜花掉生命中十年的时间来探究那份爱，而且想要一探到底，到头来却发现，这个底是不存在的。

　　虽然以前我总觉得自己的心早已经破碎了，但是，在钻研依恋后，现在我已经知道，每个人的心中都有一种与生俱来的品质，它永远不会破碎，它是那么神奇！因此，我对往事的种种感想，包括我感到孤独、感到不对劲儿、因为分离而感到羞愧，都是不成立的。

　　那么，下面让我们重新梳理往事。

第一卷 重新梳理往事

UNTELLING

原先我认为，她会是一位知性的母亲，然而，虽然她从书中学到的知识对了解孩子有所帮助……但是，她所学到的知识大多是孩子如何表达各种状态的……她喜欢抚触孩子。她亲吻孩子的额头，而且处处展现着对孩子的温柔呵护。目前没有任何迹象表明她把孩子当作负担，恰恰相反，我觉得她这么喜欢和孩子在一起，连她自己都没有想到。

　　　　　　　　　　　　——玛丽·安斯沃斯，第 18 号案例

第1章

2005 年，我躺在家中阁楼的床上，我们的房子不大，位于纽约州卡兹奇山区。我的头顶挂满了圣诞彩灯，《西尔斯亲密育儿百科》（*The Baby Book*）被架在我高高隆起的大肚子上。这本育儿方面的百科全书由威廉·西尔斯（William Sears）医生及其妻子玛尔莎·西尔斯（Martha Sears）护士创作，是他们提出"亲密育儿法"的开山之作。亲密育儿法颇具争议，它建议母亲母乳喂养宝宝、与宝宝睡在一起、用背巾抱着宝宝并采用作者提出的"亲密育儿七法"，所有这些建议的用意是满足婴儿天生要与父母待在一起的需求。在我看来，这些育儿方法很有道理，但是我也知道，很多人抵触这些育儿方法，因为要将这些方法付诸实践，父母尤其是母亲，需要付出大量的精力。

西尔斯夫妇倡导全身心投入式的育儿法（有些人认为过于夸张），而且他们认为，"当宝宝因为饿了或不高兴而哭闹时，宝宝只是想吃奶或想得到安抚，而不是想指使父母。"那时我赞同这些观点。他们的主张很简练："所有父母，尤其是母亲，拥有一种与生俱来的直觉系统，能够听懂宝宝的呼唤并予以回应。"那时我在想，我听到我的宝宝哭闹时，会是什么样呢？我会不会拥有这股神奇的力量，知道如何回应宝宝的呼唤呢？我听过很多例子，如宝宝出现腹绞痛或不乖时，父母因心理崩溃而发飙。一次在杂货店，我亲眼看到一个孩子哭闹，当母亲的站在旁边不予理睬。当时我的内心在喊："抱抱孩子呀！抱抱孩子能有多难呀？"

西尔斯医生说依恋是一种"直觉系统"，其术语是"既定目标行为系统"，后来我认识到，我们每个人都具有既定目标行为系统，并非"尤其是母亲"。养育、依恋、性关系、从属、恐惧，这些都称为既定目标行为系统。我们都具有这些身心联动系统，在必要时，这些系统会启动并不停地运转，直至达到其既定目标。当我们找不到孩子时，我们永远不会说："好吧，既然孩子丢了，周末我可以睡懒觉了。"我们更不会放弃寻找孩子。同样，孩子在与我们失去联系后，他们也永远不会稳稳当当地坐在书桌旁或跟着陌生人走、不再回头。依恋与恐惧的原理一样，一旦启动，就不再停歇，直至威胁消失；依恋还与性欲一样，它何时出现、何时平息不以我们的意志为转移。

阿嘉丽娅 7 岁大时，有一次，她和赛耶在滑雪场乘坐滑雪缆车上山。缆车到了指定地点，赛耶下了缆车，但阿嘉丽娅走神了，错过了下来的时机，没有从缆车中出来。赛耶发现女儿没有跟下来，他吓呆了，而阿嘉丽娅发现爸爸不在身边，自己独自坐在缆车中，她急得没有等缆车回到山下，而是从3米高的缆车上纵身跳了下来！幸好落地时她站稳了，没有受伤。这就是依恋带来的力量，这也是爱带来的危险。

当我们受到激发时，如阿嘉丽娅被独自留在缆车中时，我们的养育行为系统和依恋行为系统的原始力量就会启动并持续运转，直至达到既定目标，即待在一起、获得安全、保持亲近、保持情感联结，研究人员称之为"安全感"。如果没有达到这个目标，我们将持续寻找，永不停歇。

是否感到安全，只有我们自己说了才算。

回到那个冬天。我已经有了身孕，躺在冬日的阳光中，猫咪依偎在我的身旁。我望着卧室窗外的大山，山上白雪皑皑，那时，我对上文所说的概念毫不了解。我只觉得，全心全意地满足腹中宝宝的需求让我感到心满意足。我能感觉到，我内心的伤在慢慢愈合，毕竟，没人疼爱的伤是那么熟悉。我在《西尔斯亲密育儿百科》中读到，"研究表明，如果婴儿能在第一年与母亲建立安全型依恋关系，那么日后这些婴儿就更能适应与母亲分离。"这句话引发了我的共鸣。"安全型依恋关系"似乎是一种美好的事物，我在想，我自己是否曾经拥有过安全型依恋关系。回忆童年中的遭遇和我惹出的祸端，我想我很可能没拥有过安全型依恋关系。

我能记起的最早的事情是与母亲在厨房里的场景。当时，我问了一个问题，她在忙着做家务，我无事可做。当时她背对着我，忙这忙那，而我一动不动，这可以说是我童年的一个缩影。她"自顾自地忙着做家务"；而我感到"若有所失"，父母对我视而不见，哥哥们对我不理不睬，我在家中感到孤独、伤心，渴望得到拯救。我的母亲总是说，做一个好妈妈是她真正的使命，但我却不以为然，因为我觉得她真的很不用心。当哥哥们与我发生矛盾、对我恶语相向甚至与我发生肢体冲突时，母亲只是在一边看着、忙着，一心照料"家务"而不照料我。即便在我很小的时候坐在她的腿上，也常常让我感到失望。当她抱着我时，身体僵直发硬，心不在焉，完全不能让我感到满足，于是我就挣脱下来，同时感到若有所失。成年后，我和哥哥们很少见面，能让我们看法一致的事情就更少了，但有一件事我们一致同意，那就是母亲的心里只有家务，尤其喜欢用吸尘器打扫房间。她总在清晨趁着我们还在熟睡的时候做这件家务。有一次，她甚至让哥哥们去"打扫"我们家周围的树林，回想起这件事，我们偶尔会笑出声。

我怀孕后，决意要比我的母亲做得更好。我要更关爱自己的孩子，花更多的时间陪伴她、呵护她，但我感到事情可能不会像我想得那么简单，因为我知道人总有一种倾向，即会变成自己父母的样子。阿嘉丽娅确实不敢在我的新车里吃东西，不仅如此，如果她碰洒了什么东西，会立即手忙脚乱地找纸巾擦拭。然而，我提醒自己，我们之间的母女关系所包含的绝不只是保持卫生这一件事。我还提醒自己，她不需要保护，至少不像我当初那样那么需要保护。

"嘿！贝丝，你长得真丑！"我的大哥山姆对我喊道。那是一个再普通不过的周六早晨，他坐在沙发上，身上裹着祖母的阿富汗毛毯，我们的猫咪塔莎蜷在他的腿上，那时我 8 岁。时至今日，我已经 48 岁了，当我照镜子时，仍然能想起他说的那句话。当时，我刚刚从屋子另一端自己的卧室走出来，想在客厅中找个地方坐会儿，安静地待着，可我没有那个命。我的二哥麦特坐在地板上，和大哥一起看喜剧《二傻双人秀》(Abbott and Costello)。他发出不屑的讥笑，仿佛气球漏气了。我们都穿着睡衣，父母还睡着。咖啡桌上有两只早餐碗，碗里的东西被吃得干干净净，灯光照在上面发出雪白的光。

我走进厨房，自己冲了一碗麦片粥，独自在桌旁坐下。我感到嗓子发涩，眼眶有些湿润，心中再一次感到沮丧，为自己没有容身之处感到心痛。过了一会儿，母亲穿着睡衣终于来到了厨房，她给咖啡壶添了些水，这时我的眼泪止不住地往下流。

"妈妈。"我说，我想要保持镇定。

"嗯……嗯？"她一边盯着水龙头研究，一边等着我答复。

"他们欺负我，"我说，"我恨他们。"

"别理他们就好，宝贝儿。"她一边把咖啡粉舀到过滤网中，一边说道。

这时，爸爸也走了过来，他穿着浴袍，走路时膝盖咔咔响。他在我身旁坐下来，打开报纸，又点了一根香烟。

"这样你会变得更坚强。"他说着呼出了一口烟，烟雾缓缓地飘过桌子。

我的两个哥哥有自己的心魔要去抗争，他们一点儿也不在乎我，与他们生活在一起，的确让我更坚强，也让我处处戒备，并且心存怨恨。虽然说起来他们也是小孩子，但他们毕竟比我大，也更强壮，他们时常对我说他们很烦我，有时甚至带着恶狠狠的口气。在学校他们也会骚扰我，和我要好的同学本来就不多，而他们非要让我在朋友们面前丢脸，这样做似乎能够让他们从中得到满足。他们不但不在乎我，而且还把这一点表现得非常明显，这让我感到很羞愧，毕竟，连亲哥哥都反感的人一定很差劲。有时我感到焦虑，怀疑自己一定有什么严重的缺陷，所以才这么不受他人喜爱。有时我会在想象中把他俩暴打一顿，只不过这是不可能实现的。于是，我幻想着未来有一天我能报仇雪恨，让他们为当时的所作所为感到后悔。

在家里，我感到无所适从，仿佛一个游离于体外的灵魂，但让我在自己家里感到难堪的不只是我的两个哥哥。

让我感到难堪的还有我的父亲，不过每次感到难堪时，我总是责怪自己。有一次，他借来一辆捷豹老爷车，带着我出去兜风。他开着车在家附近的乡间公路上飞驰，我害怕得大喊"爸爸！爸爸！慢点开！慢点开！"但他却毫不理会。这让我感到，我之所以害怕是因为我胆小，而且我还扫了他的兴。

还有一次，我们去密歇根州安娜堡旅行，看到路口有一些坏分子正在分发反动材料，我的父亲朝他们吼了句什么。他怒发冲冠的样子让我感到紧张，但这次总算使我感受到他在保护我，那种心情真是难以名状。

还有一次，我在卫浴间洗澡，卫浴间位于客厅的尽头，墙上贴有银黄两色的铝箔壁纸。那时，我已经能够在浴缸里独立洗澡，但大人还是不能完全放心，所以会偶尔进来看看。那天，父亲的秃头探进满是水蒸气的卫浴间里，我吓得立即大喊"别！叫我妈来！"

我曾经咨询过一位心理治疗师，他对我说："所有的小女孩天生爱爸爸。"所以我想，我不爱自己的爸爸，一定是我出了什么问题。之后的很多年，我一直认为，我不爱爸爸的原因以及后来我和爸爸之间的隔阂都与卫浴间那件事有关。

我是说，要发生什么事情才能让一个小女孩如此反感自己的父亲？父女之间什么样的关系才会让女儿说出如此明确、如此掷地有声的"别"？

妊娠期间，我总梦到阿嘉丽娅。我每天都写日记，想象她会是什么样子，记录我的腹部增大的过程、走路越来越困难等事情。我边记录边思考，对自己的身心有了更多的了解。我还写道我多么爱赛耶，以及怀孕后我变得多么脆弱。那时我们已经为女儿取名为阿嘉丽娅，我甚至写道阿嘉丽娅降生后要睡在哪里，以及如何培养她独自睡觉的习惯。那时我还在怀疑，如果让她独自睡觉，她是否还会对我们产生依恋。

其实，我不用担心，因为阿嘉丽娅一定会对我们产生依恋。即便我的父母也是依恋型父母，因为除了依恋之外，没有其他类型，而且我们都曾是依恋型儿童。

可在当时，我怎么会知道这一点呢？

怀孕后，我一心想做一个好母亲。我要比我自己的母亲做得好——更关心我的女儿，更善于倾听她的所思所想，真正无所畏惧地保护她。我不能忍受让我腹中的宝宝像当初的我一样感到孤独，所以我决心要为她创造一番别样的生活，用一种别样的、更好的方式去爱她。

那时我没有想到，过去与现在、快乐与失落、安全与孤独的结合，将会产生如此美好的联结。

第 2 章

　　阿嘉丽娅 7 岁时，有一次，我和她还有我母亲坐在屋子后面的露天木制平台上，那天，我们为阿嘉丽娅举办了亲友聚会，我的母亲特地从密歇根州赶来参加。那段时间，母亲快要把我气疯了。她对我提出五花八门的"善意建议"，告诉我这件事应该怎么做，那件事应该怎么做，从准备饭桌到做汉堡，甚至包括如何对赛耶更好。赛耶趁母亲不注意时，冲我做了个鬼脸，但我猜他心中肯定很得意。可我仍然感到，母亲没有认真地看过我，她还是那么冷漠、与我那么不同频。当然，她并非成心不注意分寸、对人指手画脚，也不是成心把自己的意志强加给他人，她只是在无意间做出这些事罢了。有一天，她语气尖酸地告诉我，她觉得我的裙子太丑了，这下真把我气坏了。接下来的一整天，无论是一起做饭，还是一起吃饭，我都一言不发地生闷气。到了晚上，赛耶哄阿嘉丽娅睡觉，我和母亲来到屋后的露天平台坐下，我拿了一杯葡萄酒，母亲拿了一杯威士忌加水，我们慢慢地喝着杯中的酒。我们呆呆地看着蝙蝠在院中飞来飞去，默默地听着小鸟在寂静的黑夜中鸣叫。我告诉她说，她那样说我，尤其是在我的丈夫和孩子面前那样说我，我感到自尊心受到了打击，她做得有点过分了。她认识到了自己的错误并向我道了歉。

几天后，我们坐在一起，一边吃牛油果沙拉和薯片一边聊天。阿嘉丽娅给我们讲她的同学在课堂上插话，被老师记在黑板上，插话最多的同学课间不能休息。

"这样做是不对的！"阿嘉丽娅愤愤地说。

我和母亲都同意她的看法。我们说其实这些同学可能最需要课间休息。

这时母亲似乎想起了什么，突然说："哎呀，阿嘉丽娅，我是不是从来没和你讲过派特森老师的事？"

阿嘉丽娅摇了摇头，然后看着我，我也没有听过这个故事。

"好吧，"母亲一边说一边伸手去够她那亮晶晶的小烟袋，"记得我上五年级时，是派特森老师给我们上课，她管得很严，她会用皮带抽上课插话的同学。"

"真的呀？"阿嘉丽娅信以为真地问道，她看着我，浅蓝色的眼睛睁得大大的。她随手抓了一片薯片，继续问道，"有同学挨打吗？"

母亲点点头，继续讲道："有一天，我好像和旁边的同学说了句悄悄话，被派特森老师发现了，她要我在我自己的名字旁边打一个叉。"

母亲学着派特森老师拉长了脸，用严厉的口气说："'这应该是你第三次随便讲话了，是不是，莉比？'派特森老师说，这时，鲍比·康纳大声喊道，'派特森老师，没错，她已经第三次随便讲话了。'"

阿嘉丽娅被逗得哈哈大笑，也许她想起了班里某个爱耍小聪明、爱向老师打小报告的同学。

"这个讨厌鬼是怎么知道的？"母亲哼了一声，把香烟放到唇间吸了一口，细长的手指盖住了她的嘴唇。

"当然，"她呼出一口烟，补充道，"他总是惹祸。"

我望着母亲呼出的银色烟雾像波浪一般翻滚散开并逐渐消失，猜想它去了哪里，然后我回过神来，听母亲继续给阿嘉丽娅讲故事。她说，更糟糕的是她的父母规定，如果她和她的姐姐们在学校挨老师的罚，那么她们回到家后还要挨父母的罚；她和姐姐们都在加拿大安大略省长大，而且在同一所小学读书，所以，虽然她的姐姐们在另一个班，但是消息传得很快，如果她在学校挨罚了，她的姐姐们一定会迫不及待地向父母告密。

"天呀！"阿嘉丽娅惊叹道。

"第二天，"母亲继续讲道，"派特森老师说，'莉比，我们还有一件事情没有解决。'"

"她把我带出了教室，我的心吓得扑通直跳。"母亲说着，猛吸了一口烟。

她们到了教室外，派特森老师交给她一个小包裹，要她到走廊的另一边，交给教三年级的麦金托什老师。虽然她不太明白是怎么一回事，但还是按老师的要求，把包裹送了过去。

阿嘉丽娅坐在母亲旁边，穿着短裤和小拖鞋。在这个故事中，母亲当时只比阿嘉丽娅大几岁，那天，母亲穿着干净整洁的苏格兰羊毛百褶裙和棕色的系带皮鞋。她在走廊里走着走着，听到有人用皮带抽打墙面。

母亲模仿那个吓人的声音："啪！啪！啪！"

"我回到教室后，派特森老师正在等我。"母亲把手伸出来说道，"她在我的每只手上轻轻地拍了一下，之后就再也没有提过这件事。我在想，"母亲故作沉思道，"前一天晚上，派特森老师是不是在想办法，然后就和麦金托什老师想出了这个主意。"

阿嘉丽娅对外祖母胜利逃脱感同身受，又抓了一片薯片，欢欢喜喜地大嚼起来，但我却感到有些不对劲。在母亲讲的所有的故事中，她都把自己描述成一个乖巧可人的小女孩，但我可不信这一套。她真的这么脆弱，连最严厉的派特森老师也不忍打她的手吗？

母亲讲起我的故事时也是这样。例如，她给阿嘉丽娅看我小时候的照片，虽然照片中我与表兄妹一起站在桌旁，看上去我有点孤单且一脸难过，但她仍然说："呀！你妈妈真可爱，是不是？"

这时我就想：第一，你不了解我，我和可爱基本上毫不沾边，而且我从小就满怀怨恨；第二，如果你觉得我那么可爱，那么你为什么不多爱我一些、多保护我一些？

对于我儿时的事情，以及我问到的其他任何事情，母亲似乎毫无记忆，这一点也让我感到伤心。她曾经激动地说，哥哥们和我出生后她的生活才有了意义，但是当阿嘉丽娅降生后我问她，当初她如何让我们养成独自睡觉的习惯、如何哺育我们及如何照料我们等诸多问题时，她却说"宝贝儿，那是很久以前的事了"。但是，随后她又会突然提出特别实用的建议，而我却不领情。例如，有一天下午，阿嘉丽娅喝完奶后开始哭闹，那天母亲正好来看望我们，她就对我说应当给阿嘉丽娅拍嗝。

"不用吧。"我说。我想，既然医生和助产士都没有提到过拍嗝这回事，那么就没有必要做。然而，在母亲不停地劝说下，我还是照做了。我像一个被惹烦了的小青年，带着不屑的表情，把阿嘉丽娅抱在怀里，轻轻地拍了她几下，她真的打嗝儿了，声音十分轻柔，然后她就睡着了。

母亲怀上我时，已经生了两个男孩，麦特是在我之前的两年出生的，山姆比麦特还要早两年。我想，母亲记不起以前的事可能和这有关。例如，每次我问母亲我出生时的情况，她总是说那套现成的话：知道自己终于生下一个女儿，她感到很兴奋；犹太教教士走进来，夸我"她很聪颖"。我很喜欢听这句话，原因之一当然是我喜欢听别人说我很聪明，但更主要的原因是我渴望有人能注意我。我很喜欢想象那位瘦弱的老教士注视着我的脸，思考一个问题，一个关于我的问题。

有一张照片是我刚刚降生后拍的，照片里母亲躺在医院的床上，怀里抱着我，床头柜上放着一个肾形便盆和一包香烟。她看上去轻松惬意，脸上没有什么汗水，情绪也不激动。毕竟，那是她第三次分娩了，而且她刚刚打了麻醉药，身体还没有恢复知觉。我怀上阿嘉丽娅后，母亲告诉我，分娩时的痛苦就像"想去厕所"时的感受，"下面有压迫感"。从那张照片里可以看出她不是在说笑话——她看上去仿佛刚刚上完厕所。

那时，母亲的妹妹布兰达姨妈是一名护士，于是就向母亲传授母乳喂养的益处。那个年代，母乳喂养得不到提倡，更不是常规做法，但在布兰达姨妈的引导下，哥哥麦特和我得到了母乳喂养。阿嘉丽娅降生后，有一次母亲对我说，她曾在给我喂奶期间吸烟。事实上，母亲从初中就开始吸烟了！我安慰她说，偶尔吸一两口应该不会造成严重的后果，但她说："不是。我是说，我一边给你喂奶一边吸烟，是'同时'。"

很难想象有人会在给新生儿哺乳的同时，手里还拿着香烟。她是否会想到呼出烟雾时要扭向另一边？烟灰是否曾落到我柔软、褶皱的额头上？

她是否都没有看我一眼？

第 3 章

阿嘉丽娅于 2006 年 1 月 27 日晚 6 时 15 分降生。分娩时的感受
与坐在马桶上的感受毫无可比性。

白天是在疼痛和用力分娩中度过的，赛耶和我的一位好友陪在
我身边。到了傍晚，助产士认定，我无法自然分娩，于是把我推进
了手术室，很快就从我的腹中剖出一个 6 斤多的小生命——那是我
的女儿。

我躺在手术台上，脸和外露的内脏之间紧紧地拉着一块绿色的
棉质遮布。赛耶穿着手术服，手中捧着我们的小宝贝看着我。虽然
看不到赛耶的表情，但是我知道他的嘴是半张着的，介于微笑和哭
泣之间。我看到了我们的小宝贝，她闭着眼。我吐在一个托盘中之
后，微笑着照了一张合影。

住院的日子是美好的。我每隔几个小时醒来一次，给宝宝喂奶，
让她感受这个世界，我感到很快乐。我仿佛生活在月光下的极夜，
完全看不出时光在流逝。阿嘉丽娅是完美无瑕的：她的小耳朵娇小

可爱，指甲微小，大腿上带着褶皱，颈部还有香气。

我把阿嘉丽娅的小身子抱在怀里，她还在睡觉。我拿起电话，联系另一位好友，我们本来约好了，她来看我，但她现在还在佛蒙特州，无法赶来。

"快说说！"她问道。

"是个女孩，真没想到，"说完这句话我突然哭了，"我太爱这个宝宝了。"

"我的天！"她惊喜地说。

"是啊，"我说着，吸了一口气，"我的天！"

一晃几个月过去了，时间说长不长，说短不短。我在家里的老橱柜上铺好隔尿垫，为阿嘉丽娅换纸尿裤。她向屋子里四处看看，然后又看向我。她挥舞着两只小胳膊，踢着两条小腿，小袜子只有一只大蜗牛那么大。我微笑着凑过去，贴近她那可爱的小脸，然后坐下来给她喂奶，她的双眼轻轻地抖动着，慢慢地她睡着了。我的乳房能够感受到她的呼吸——温暖、持续且有力，带着小小的鼻息声，她的双眼紧闭着。我轻轻地把她放到婴儿床里，四周是柔软的白色床围。先前我已经把窗帘拉上了，把春天夺目的阳光挡在了外边。

在轻手轻脚地把门关上后，我拿上日记本悄悄来到后院的露天木制平台，这时，热泪已经在我的眼里打转。我一边哭一边坐下来，望着不远处的大山，五月份的大山已经有了绿意。一些可怕的念头在我的脑海中挥之不去，我甚至不敢把这些念头写下来，我只能在心中祈祷，大山保佑我的孩子。我毫无保留地爱这个孩子，但我仍然感到痛苦不堪，这是为什么？

无论遇到多大的困难，我都不会让阿嘉丽娅知道。我打定主意，要把我的痛苦写成文字，以此发泄心中的郁闷，但为了不让阿嘉丽娅知道，最终我要销毁这些文字。最近，我把这本旧日记本找了出来，其中有几页已经被撕掉了，书脊处只留下一串锯齿状残余，上面还留有一些星星点点、残缺不全的手写字迹。

我对那天的记忆很深刻——真相带着痛苦跃然纸上，一吐为快之后，我感到心中释然了。

在那之前，我从未想到过要把我写的任何文字销毁，因为对我而言，自己写下的文字仿佛一个潜望镜，一旦销毁我就会坠入无边的黑暗中。

直到我有了女儿，一切都不一样了。

我开始通过写作祈祷上苍，挽救我和我的女儿。我甘愿面对黑暗的真相，因为早在这场心路历程之初我就知道，为了挽救女儿，我先要挽救自己——这就是我对她的爱。

虽然当时我不明就里，但在内心深处我意识到，我和女儿乘坐着同一艘小舟，我们面对同样的风浪，尽力划向同样的彼岸。

第二卷　亲爱的孩子

BEAUTIFUL
CHILD

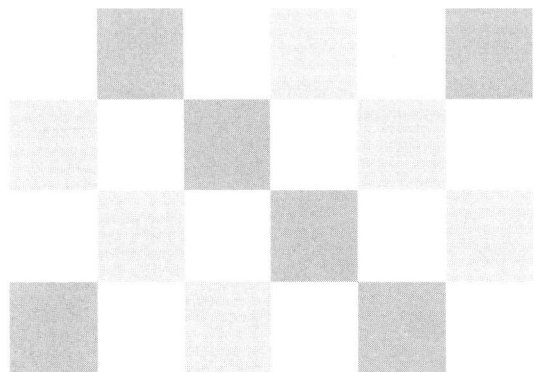

斯瓦希里语是东非地区的通用语。在这种语言中，任何旅程无论长短，都可以称为 safari。例如，我从乌干达首都坎帕拉出发，去一个村民家里做客，就是一次 safari。然而，这些不起眼的 safari 却构成了一场漫长的 safari、一场认识事物的历程。这场历程的终点是一种新的视角，是对人生第一份爱的起源及其早期形成过程的全新认识，这份爱就是孩子对母亲的依恋。

——玛丽·安斯沃斯

《乌干达的婴幼儿》（*Infancy in Uganda*）

第 4 章

　　玛丽·安斯沃斯抵达乌干达后，最先学到的几个词在当地的语言中意为"哇！多么可爱的孩子！"当时，玛丽正在为一项研究工作寻找研究对象。后来，这项研究成了有史以来对于母婴关系所做的最重要的研究。虽然玛丽自己不是一位母亲，但她懂得如何吸引广大母亲们的注意。

　　1954年，玛丽和丈夫兰恩（Len）乘坐的船在坎帕拉靠岸。因为玛丽对这段时期的描写非常生动，而且她在坎帕拉市周边村落拜访村民时，为他们拍摄了黑白照片，所以我能够想象她在这非常重要的几个月中的经历。例如，在实地考察的笔记中，她穿插了很多对当地气候的描写，这些描写在笔记中随处可见。有时，虽然她在讲述其他事情，但我们能从侧面看出当地的气候，如"这里属于热带气候，但实际上却冷暖适中。""当地人用篱笆和黏土盖房子，他们越来越喜欢用波纹铁皮或波纹铝皮作为屋顶……但这样会使屋里会更热。""父母时常让宝宝穿着衣服，其实，中午气温较高，不需要通过穿衣来保暖……（其他人）通常不穿衣服……（但）在特殊场合或者日落后需要保暖时，他们会穿上衣服。"

可以想象，当年元旦，她和兰恩离开加拿大哈里法克斯港时正值多雨季节，启程来到坎帕拉，顶着非洲的烈日走下跳板，经历了多么大的反差。虽然现在在我们看来，这次旅程为她的事业和生活带来了契机，但在当时她对乌干达之行"没有热情"。

然而，她有自己的打算。有一些问题一直困扰着她，那就是关于爱的本质这一问题，她要利用在非洲的时间来解决这些问题，而且她非常想尝试一些自然主义研究方法。这些研究方法是之前几年她在伦敦做助理研究员期间向同事吉米·罗伯森（Jimmy Robertson）学到的。那时，约翰·鲍尔比及其团队对于亲子间的情感纽带提出了一种新的认识，他称之为"依恋理论"，并对母婴分离问题开展研究。虽然玛丽是团队成员，但她对该理论持怀疑态度。

玛丽曾经听说，乌干达的妇女通常会在下一个宝宝出生后，给上一个宝宝断奶，并将上一个宝宝送到别处。玛丽觉得，正好可以利用这种做法研究母婴之间突然分离、引发创伤风险的案例；同时，她希望在家庭访问中，观察日常生活中更为常见的母婴分离情形，进而将这两种母婴分离情形作比较。那时她认为，通过比较这两种类型的母婴分离，能够更深入地理解鲍尔比提出的依恋理论。

抵达乌干达后，她在朋友的帮助下，东拼西凑地筹措到了资金，可以启动自己设想的母婴行为家访式研究工作，但这些资金只能满足她自己和一位翻译——凯蒂·齐布卡（Katie Kibuka）女士——的开支。凯蒂·齐布卡是乌干达当地人，已经育有子女，曾经在美国留学，后来成为玛丽的得力助手和翻译。

然而，她很快发现，当地人并没有对婴幼儿突然断奶的做法。失去了这个变量，当初设想的研究内容只剩下控制组或基准线，即母婴日常分离。这也是乌干达的宝宝每日都要面对的现实。

玛丽开始大力推进研究工作。她的第一项任务是寻找研究对象，这些研究对象必须接受她这名"欧洲"女科学家每两周一次的两小时家庭访问和访谈，在她所开展研究的村庄，所有白人都被笼统地称为"欧洲人"。虽然玛丽认为这些互动更像交际，而不像临床访谈，但这些受访母亲仍然必须回答各种问题，其中涉及家庭情况、子女出生情况、子女养育情况、子女的个体发展情况、健康情况和最重要的母婴分离情况。

一位部落首领同意帮她寻找有意愿参加研究的妇女，并开始带着她在几个村庄中询问。这位部落首领可能是玛丽拍摄的一张照片中的一位男性长者。在照片中，他穿着一件西式外套，表情严肃地抱着一个宝宝。令人惊讶的是，玛丽能够用当地语言写出并背诵一篇宣传稿，告诉当地人她希望研究处于两种不同文化的父母在养育子女方面各自的优势与劣势，而且用简练、中性的措辞来介绍她的研究项目，她说："如你们所知，乌干达的习俗在许多方面都与欧洲国家的习俗不同。我非常希望了解在不同习俗中人们是如何照料婴幼儿的。"

当玛丽见到当地人和当地的家庭后，顿时就吸引住了。她看到一些孩子光着脚走来走去，这些孩子看上去只有九个月大，他们的脚踝上系着一串铃铛，铃铛随着脚步丁零零地响。后来她了解到，当地父母之所以在孩子的脚踝上系铃铛，是因为孩子喜欢听铃铛发出的声音，这种声音能促使孩子多走路。在记录这些家庭和他们的生活时，玛丽的笔触细腻，充满感情。

他们的房子虽然是用篱笆和黏土建成的，屋顶也不过是茅草做的，但是我可以感到，质朴中带有温馨。屋前的院里种满了花草，一棵笔直的大树投下一片树荫。屋内的陈设也让人感到轻松惬意，几把椅子虽然造型简单，但很舒适。一张芦苇编成的幔帐挂在头顶上方，给屋内增添了几分凉爽！墙上挂满了家人的照片，还有一张孩子在学校画的彩色绘画。屋内还有几张小桌子，上面铺着十字绣桌布。屋内总摆着一个花瓶，里面插满了鲜花。我们到后，有时坐在凉爽、略显昏暗的起居室内，有时坐在屋外的树荫下。

根据这些描述及玛丽拍的照片，我能够想象她第一天寻找研究对象时的样子：她穿着20世纪50年代式样的短袖连衣裙，脚上穿着一双白色凉鞋，脸上不施脂粉。包里装着一个笔记本、一支铅笔和她的相机。她戴着眼镜，头发被高高地挽起，露出宽脸庞和高颧骨。她热得要命，但心中却很愉快。

抵达乌干达那年玛丽42岁。虽然她早在16岁就被加拿大多伦多大学录取，但是，由于在第二次世界大战期间参加了加拿大陆军女子队，所以她获得博士学位较晚，她孜孜不倦，一直希望尽快展开自己的学术生涯，但她的丈夫兰恩得到一份东非大学的工作，所以她跟随丈夫去了那里。

此前的 4 年中，她曾去伦敦与约翰·鲍尔比博士共事，那次出国也是因为兰恩，他要在伦敦拿到学位。当时，鲍尔比正在构思他的理论，他认为孩子之所以对父母产生爱，是为了与父母形影不离，让自己安全，仿佛一群小鹅排成一列，紧跟在大鹅身后。他相信，这种依恋才是亲子关系的内涵。然而，他的理论与当时盛行的亲子情感理论完全对立。亲子情感理论认为，孩子爱母亲是因为母亲喂养了他们。如果这种"有奶便是娘"的理论成立，那么只要有人为孩子做饭，即便孩子与父母分离，他们也不会受到影响。第二次世界大战之后，鲍尔比一直在英国对孤儿和少年犯进行研究，他深知亲子情感理论是错误的。他有第一手资料可以证实，在与父母分离后，那些孩子因为失去父母而感受到了深深的痛苦。

玛丽像当时绝大部分心理学工作者一样，起初并不认同鲍尔比的理论。于是，她决定自己进行这项研究。

二十世纪四五十年代，关于父母如何养育子女的问题，科学界的认识还很模糊，而且有些知识在今天看来是常识，但在当时却不为人所知。行为主义心理学家伯尔赫斯·弗雷德里克·斯金纳（Burrhus Frederic Skinner）认为，人类的感受和行为不过是对外界刺激的机械式回应。为了证明自己的理论，他让自己的其中一个女儿在出生后的 11 个月内，一直待在一个节省人力的"育婴箱"里。育婴箱是一个正常尺寸的婴儿床，但增添了可拆卸的安全玻璃和空气循环装置，仿佛一个功能完备的迷你住宅。这样，就不需要没完没了地为女儿整理睡衣和被褥，夜间也不再需要给女儿喂奶。他们认为，只要婴儿的纸尿裤是干净的，再将育婴箱里的温度调节好，婴儿就很满足，甚至很开心，以至于几乎完全不出声音。"在过去的 6 个月中，"斯金纳写道，"宝宝除了在受伤或极其难过时会哭闹片刻之外，其他绝大部分时间完全没有啼哭过。"斯金纳夫妇自豪地宣布，他们发现，如果他们与孩子玩耍、抚触孩子、给孩子喂奶并安抚孩子，可能会浪费掉数小时的时间，但现在，他们把这些时间花在"难得的休闲"中，更好地利用了这些时间。这就是"科学为未来的家庭主妇营造的美丽新世界"，斯金纳写道。

虽然在现在的人看来，把孩子放在育婴箱的做法令人愤慨，但在当时，人们普遍认为儿童就像机器，有吃有住就能活得很好。行为主义学派明确反对父母对孩子表现出过多的情感，仿佛父母的关爱与呵护会让孩子"软弱"，产生情感需求。对于"有奶便是娘"的理论和行为主义学派，父母和孩子之间的爱是那么不顾一切、那么解释不通，所以他们要把这种情感轻描淡写地忽略掉。

是啊，爱是如此强大，一不留神就会主宰一切。

在接下来的几个月里，玛丽在这些村庄中的受访家庭之间来回奔走，观察母婴及他们的生活，这段时光让玛丽感到很惬意。她与这些家庭在一起，共同经历了这些婴幼儿在成长过程中的关键阶段，甚至经历了一位家庭成员的不幸离世。她观察母亲们把生病的孩子抱在怀中，让孩子坐好并给孩子拍照，每天多次为孩子洗澡，把孩子背在背上，从屋子的另一边冲着孩子微笑。玛丽给孩子们带了一些糖，看着他们津津有味地吃着，有时他们把糖掉到身上，这一切让玛丽感到很愉快。玛丽将白天的所有时间都投入到观察和思考中，而且凭借自己的智慧和爱心，给这些无比幸运的家庭带来了无微不至的呵护。

最终，总共有 26 个家庭参加了玛丽的研究工作。作为报酬，玛丽提出，当孩子和母亲需要做定期体检、需要打针或患病时，她都可以随时开车送他们去附近坎帕拉市的诊所并把他们接回来。当地的运输条件不发达，村民又时常生病，对这些孩子和母亲来说，这是难得的帮助。此外，她还有机会与孩子一起坐在候诊室里，在那个新的、陌生的甚至有些吓人的情境中，看着他们感到害怕而后被母亲安抚时的样子，但也会有孩子得不到母亲安抚的情况。玛丽想要转移孩子的注意力时，会把包里的铅笔拿出来给他们玩；她还会看着孩子发现她穿着凉鞋的脚是那么白时分神的样子；然后，当孩子玩够了铅笔或感到害怕时，再看着他们向后退回到母亲身边。

在与那些母婴一起坐在闷热的候诊室期间，玛丽掌握了大量的素材，这些素材仿佛一粒种子，生根发芽并孕育出心理学史上重要的实验模型之一。

玛丽所著的《乌干达的婴幼儿》于1967年出版。书中有很多她为受访婴幼儿拍摄的黑白照片，照片十分温馨。照片中，有些婴幼儿穿着连体裤，有些穿着奇特的长裙，他们的脚踝上系着铃铛。这些婴幼儿的身体发育较早，"感知运动能力明显超前"，所以他们开始走路、说话和使用座椅式便盆的时间比西方的婴幼儿早很多。一些婴幼儿在4个月大时已经能够"控制排便"了，其他婴幼儿在1岁时也都能够做到这一点了。妇女们在平平淡淡中养育着这些早熟而可爱的孩子。我们从书中可以感受到，玛丽对这些妇女们产生了深厚的情谊，而且对于她们细心、自信的育儿方法感触颇深。此外，她们穿着方便哺乳的衣裳，哺乳前后都显得那么从容自然，这也让玛丽赞叹不已。

玛丽是20世纪50年代加拿大比较正统、熟知礼仪的女性，她发现乌干达人非常注重行为举止：两岁多（或两岁左右）的孩子听长辈讲话时，坐姿端正，双脚收在座位下方。在当地的文化中，有孩子降生是一种福气，人们会对孩子百般呵护，这让玛丽尤为高兴。她写道："女士们席地而坐，一边说家常，一边把孩子给旁边的女士放在腿上抱着，因为当地人认为，能够抱抱别人的孩子是一种荣幸，并且让人感到快乐。"

然而，这些母亲们远远谈不上完美，而且在当代西方社会，对好母亲有很高的标准，如果按这些标准衡量，这些母亲的不足之处就更多了。例如，在玛丽比较喜欢的一些妇女中，有人会把手背弓起来，用空手心"打"（"打"是这些母亲自己的用词，实际上更像轻轻地捶一下）不听话的孩子；有些母亲不用母乳喂养孩子；有些母亲不与孩子睡在一起；有些母亲教孩子使用座椅式便盆，她们托着孩子，教他们蹲在座椅的洞上，在这个过程中会出现很多意外，玛丽曾经看到一两个孩子的大便落在母亲的腿上或家里的地板上，但他们的母亲"没有小题大做"，只是清理了大便。

玛丽对这些乌干达女性很有好感，认为"她们举止优雅、有尊严"，同样，这些乌干达女性也非常认可玛丽。当地的一个家庭坚信，如果他们的孩子小保罗和玛丽一起回加拿大生活，一定会过得更好，所以他们希望玛丽回加拿大时带上小保罗。

玛丽的大部分研究对象此前从没有见过白种人，而且玛丽每隔两周左右就会到他家里，坐下来与他们聊天，一聊就是一两个小时，所以对他们而言，玛丽是一个特别奇怪的陌生人。正因为这个原因，玛丽才有机会反复观察他们。孩子坐在母亲的腿上看着玛丽，他们感到又害羞又害怕，冲她笑笑，直到鼓起勇气从屋子的另一边走过来找她要糖吃或要她抱抱。孩子从母亲身边走向玛丽，又走回母亲身边，这让玛丽想起自己曾经写过的论文，那篇论文的研究课题是随着年轻人逐渐成长，他们把父母作为"安全基地"并从家庭中独立出来的问题。玛丽开始以另一种视角认识孩子们的这种行为，后来她和约翰·鲍尔比称之为"依恋行为"，如哭闹、跟随、爬到母亲的身上以及通过微笑告诉母亲自己需要安抚或关注。有些孩子能够从母亲提供的安全基地获得足够的安全感，所以当玛丽从屋子的另一边向他们招手时，他们敢于径直走向屋子的另一边去找玛丽。

与之相比，另一些孩子更害羞、犹豫不决，甚至情绪完全不稳定。玛丽清楚地认识到，眼前的这一幕不只是两个人跨越了空间和界限，它体现了一种"关系"，所以，"婴儿爱母亲，只是因为母亲喂养他们"的认识是可笑的。婴儿与母亲之间是存在"情感联结"的。

同时，玛丽还发现，如果孩子非常在意母亲，而且母亲也非常在意孩子，那么在大多数时间里，孩子会开心得手舞足蹈、高兴得拍手、即便不饿也去找母亲、从屋子的另一边莫名地朝母亲笑。母婴之间似乎存在一种能够彼此取悦的特殊关系。

通过对这 26 对母婴进行家庭访问、临床观察并和他们一起度过轻松惬意的时光，玛丽逐渐认识到，鲍尔比新近提出的依恋理论活生生地出现在自己的眼前。这些母婴那么同频，他们之间一定存在着某种东西，这种东西一定比饥饿更为深奥、更为微妙；这种东西仿佛一股无形的力量，使母婴之间协调一致，仿佛彼此的镜中映像。她说："当时，我的认识突然发生了转变，这种转变是彻底且永久的。"

第 5 章

1955 年，安斯沃斯夫妇离开乌干达，来到美国。那时，兰恩在巴尔的摩找到了一份工作，玛丽也最终获得约翰斯·霍普金斯大学的聘书并教授心理学。除了要适应新生活，还有一项重要的任务等着玛丽完成。她在乌干达所做的家庭访问共计数百个小时，期间不间断地做了大量观察笔记，内容涉及睡眠习惯、行为训练、喂养习惯、排便、家庭中的其他人、穿衣习惯、家庭装饰和行为举止等。她坐在大学的办公室里，反复阅读自己的笔记，为了挖掘其中的规律和意想不到的信息，她需要梳理全部信息，并从中慢慢地摸索。

她先将所有母婴分为三组，将大约 57%（16 对）列为"安全型依恋关系"，这种关系中的孩子将母亲作为安全基地，进而探索世界。

珠科（30 周至 32 周）：探索较多，很开心，有时甚至从前门走到屋外。他总是回到母亲身边吃母乳，而后离开母亲再去探索，这一点在他 32 周时尤为明显。

她将大约 25%（7 对）列为"不安全型依恋关系"，这种关系中的孩子难以放松心情去依赖母亲，所以更难像其他孩子一样充满热情地探索世界。

苏拉曼尼（40 周）：母亲把他放下来时，他会立即哭闹；但当母亲把他抱起来时，他会停止哭闹；当母亲再把他放下时，他又大声哭闹，这次，即便母亲再把他抱起来，他也没有停止哭闹。过了一会儿，他答应让母亲把他放在地上，但在玩得过程中很不专注，而且只要母亲走开，他就会大闹。

有少数几对（5 对）属于"未建立依恋关系"，这种关系中的孩子似乎完全没有与母亲建立"特殊"关系。后来，安斯沃斯对这种现象有了完全不同的认识。

在接受研究期间，这对双胞胎没有表现出什么依恋行为。据他们的母亲讲，当这两个孩子 23 周大时，如果有人走过来，他们会抬起头，咿咿呀呀地发出声音（仿佛想要坐起来），但他们似乎对任何人都会做出这一反应……母亲离开房间时，两个孩子都没有哭闹，而且他们对母亲的表现与对他人的表现没有差别。

我们时常觉得，婴幼儿对特殊照料者的回应与对其他人的回应没有差别是一件好事，这表明婴幼儿具有一定程度的独立性，但玛丽逐渐发现，如果婴幼儿能把一个依恋对象和其他所有人都区分开来，那么就迈出了建立依恋关系的第一步。虽然安全型依恋的孩子可以从多人的呵护中得到快乐，但是依恋理论认为，只与一个人建立特殊关系对孩子有益。即便在有些文化中，孩子会受到多个人的呵护，也是如此。玛丽越来越认识到，如果一个1岁的幼儿在依恋对象离开和返回时没有受到显著影响，那么这个孩子在与依恋对象建立依恋关系的过程中，可能受到了家庭生活中各种烦恼和焦虑的负面影响，导致其产生了反应。对于这种现象，玛丽感到非常同情。

对于不同婴幼儿在依恋行为上的这些差别，玛丽在惊讶之余，开始思考其中的原因。在表面现象之下，是否有更深层次的问题？除了家庭生活中的情感波动，还有没有其他原因使某些母婴关系能够为孩子营造出更安全的感受？

玛丽在梳理笔记、寻找线索的过程中发现，"一些信息存在空白"。虽然她尽量以几乎相同的时长访问每个家庭，但是一些孩子的信息仍然明显少于其他孩子的信息。她发现存在两种情况：在一种情况中，这是"母亲不愿配合"造成的，原因非常简单，如果母亲不是很情愿地提供信息，那么玛丽当然无法掌握很多信息；在另一种情况中，虽然玛丽定期访问这些家庭，而且"她感觉"这些家庭中的妇女极其配合，但"信息就是不完整，这简直难以理解"。

玛丽发现，信息最少的孩子，不是那些她称为"不安全型依恋"的孩子，就是那些"未建立依恋关系"的孩子。这是一项重要发现，后来出现的全部依恋理论研究都是由此而来。

在玛丽的研究对象中，一些母亲"非常友好、待人亲切、非常配合"，但当谈到孩子时，她们讲不出丰富的细节，或者更喜欢聊"孩子以外的事情"；而另一些妇女"同样好客……但她们却能提供有关孩子的翔实信息"。针对后者，当玛丽询问她们有关孩子的情况时，"她们的回答很流利，能主动提供相关信息，从容自然地给出关于孩子行为的很多细节。"对于前者，她写道，"多次访问后，仍然未收集到完整的信息，这反映出这类母亲在提供孩子信息的翔实程度上有所差异。"

玛丽进一步研究，她重新梳理数据，寻找哪些母亲对自己的孩子了解最多，以及这是否意味什么。

她发现，母亲提供孩子信息的翔实程度与孩子的依恋类型之间存在显著关联。这一研究结果令人意外，而且随着当代依恋理论研究工作不断深入，我们对这项研究结果的理解也在不断加深。它开辟了一个非常重要的研究方向——为人父母的"体验"。此外，玛丽原本觉得，还有一些因素可能与依恋类型存在关联，如母亲对孩子的热情程度、孩子是否有多位照料者、母亲对孩子的呵护量、呵护总量、计划哺乳量与孩子主动要求哺乳量的对比、母乳量、母亲对母乳喂养的态度等，但对笔记进行梳理后她发现，其中只有两个因素与依恋类型存在关联，其他因素与依恋类型毫无关联，这两个因素是"母亲对母乳喂养的态度"和"呵护总量"。她认为，"呵护总量"之所以成为一项重要因素，是因为母亲对孩子的陪伴，即母亲对孩子的"呵护总量"是母婴互动的一个"必要条件"。也就是说，建立安全型依恋所需的，与其说是母亲对孩子的呵护，不如说是母亲对孩子的陪伴，这样母亲才能与孩子建立关系。玛丽写道："虽然母亲待在孩子身边，但并不能保证她一定会对孩子保持敏感，也不能保证她一定会与孩子互动，但是，如果她连待在孩子身边都做不到，那么就更不要谈回应孩子并与孩子互动了。"

玛丽甚至想到要问这些妇女，她们是否享受母乳喂养的过程；而且她发现，比母乳喂养本身更重要的是妇女在母乳喂养时的"感受"——她们是否感到愉快、开心。这些认识突破了20世纪50年代社会对妇女的观念，甚至突破了当今社会对妇女的观念。

换句话说，虽然玛丽会注意妇女外在的、容易观察的行为，如喂养孩子、陪孩子玩、抱着孩子和训练孩子，但这些外在行为更像线索，帮助玛丽追根溯源，最终发现问题的关键，即妇女的"态度"。如果母亲提供的孩子的信息非常翔实，那么她一定因为某种原因更关注孩子，而且她可以按照自己觉察的信息绘声绘色地讲出一段详细、足够真实、令人信服的回忆。于是，在研究母婴行为的过程中，玛丽认识到，她应该研究母亲的内心体验。

母亲对孩子的感受居然值得做科学研究，这不亚于人类观念上的一次彻底改变！

玛丽迫不及待地想要再做一项研究，印证她在乌干达的观察结果：（1）孩子真的将母亲作为安全基地；（2）父母对孩子的关爱仿佛阳光，在它的照耀下，安全型依恋关系能够生根发芽。

我们对各类关系的感受会融入我们讲述的往事中，这些往事可以是关于孩子的，也可以是关于我们自己的；同时，我们对各类关系的感受还会融入我们的现实生活，让我们在往事的基础上延续今后的生活。我们的现实生活中有了往事的影子，孩子感同身受并将我们的感受内化，就这样依恋得以世代相传。玛丽认识到了这一点，后来一项接一项的研究也反复验证了这一点。

我们可以改变讲述往事的方式、改变我们对各类关系的感受、改变我们提供信息的翔实程度，只需要点燃一盏灯，照亮它们，这多么神奇！

第三卷 神奇

MIRACLE

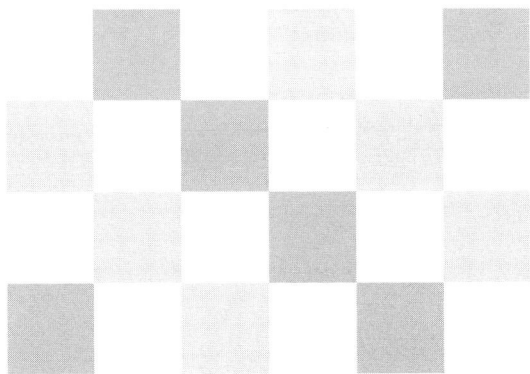

这种被内化了的东西，我们称为"依恋"。依恋包含感受、记忆、愿望、期许和意向等方面，所有这些内容构成一个内在程序，它通过体验而生成，存储于一套灵活而有记忆的内在机制中（我们认为该机制具有中枢神经系统的功能），它是一张滤网，协助我们接收并解读人际体验的信息；它还是一个模子，为我们塑造外在的回应。

——玛丽·安斯沃斯，《乌干达的婴幼儿》

第 6 章

　　让我猜一万年我也猜不到，有一天我会生活在一座禅院里。我在一个犹太家庭中长大，家里从未摆过圣诞树，也从未碰过培根，但家人对宗教的感受并不是特别强烈。实际上，我从未觉得宗教和我有任何关系。其他孩子认为自己犯了严重错误并感到内疚时，会躺在床上祈祷或忏悔，而我则会望着窗外的大树，想要接受心中莫名的感受。我感到迷茫、情感脱节，仿佛在我身处的环境中无所适从，仿佛我正站在别人梦境的边缘，怪异得吓人。

　　一些青春期的孩子、大学生或刚刚成年的年轻人对人生产生了困惑，会像《达摩流浪者》^①中的主人公一样寻求解惑，这很酷，但我不会这么做。我会在安妮·塞克斯顿（Anne Sexton）的诗中寻找慰藉。这位诗人进行创作和与他人谈话时，语调真实、吓人，但最

---

① 《达摩流浪者》（*The Dharma Bums*），美国"垮掉的一代"著名作者杰克·凯鲁亚克（Jack Kerouac）于 1958 年出版的小说。——译者注

终选择通过自杀结束了自己的生命。她写道：

> 我走着，身穿黄色长裙，
> 白皮夹中塞着香烟，
> ……
> 我走着，我走着。

后来，我也迷上了长裙、香烟和走路，虽然从未想过宗教问题，但我总有一种感觉，有某种神奇的力量在保护我。

虽然我的学习能力较弱，而且其实连"较弱"都算不上，但在这种神奇力量的保护下，我顺利地考入了大学，而后又考上了研究生，师从艾伦·金斯伯格（Allen Ginsberg），学习诗歌。在研究生的第一节课上，他要求我们把生活中的"十大往事"写成诗，他还说这十大往事不一定是我们能记得的最早的事情，但一定要是我们能记得的大事，至于哪些算是"大"事，由我们自行界定。我写的头号大事是：

> 坐在浴缸里，
> 铝箔壁纸狡黠地眨眼。
> 老爸突然打开门。
> "别！叫我妈来！"

你看，又是卫浴间那段往事。

获得文学硕士学位后，我找到了一份工作——教别人写作。考虑到我的工作经历少得可怜，可以说这又是那股神奇的力量在暗中保佑我。然而，接下来，考验我运气的时刻到了。

我在读大学时交了一个男朋友，毕业后我们住在纽约市布鲁克林区。一天下班后，我乘地铁回家，有一个男人走进车厢，坐在我对面，我们姑且把他称为查尔斯。查尔斯穿着整洁的白衬衫和卡其布西裤，跷起二郎腿，上身笔直地坐在那里，阳光、自信，他绝对是我见过的最帅气的男人。当我发现他盯着我看时，我把自己跷着的二郎腿放了下来。

那个周末，我又见到他了。周六的下午，像每个周六一样，我和男朋友一起散步，我突然发现查尔斯正在过马路。我们互相招手示意。

"谁呀？"我男朋友问道。

"不认识。"我说。

很快，我和男朋友分手了，不顾一切地和查尔斯在一起。查尔斯在很多方面都非常迷人，但嫉妒心太强，而且脾气暴躁。我们强迫着彼此在一起，但矛盾不断，就这样过了一年后，我开始感到自己坚持不下去了。我的情绪起伏很大，给朋友打电话诉苦时经常哭很久，朋友们也渐渐地失去了耐心。更让我难以忍受的是查尔斯的行为乖张、吓人，有一次在大街上，他朝我挥拳头，好在一些过路人帮我摆脱了他。此外，我的工作也受到了影响——假如你的男朋友打电话给你，让你帮他办一件事，然后深更半夜又给你打电话，一边说抱歉一边又让你去办事，你还有时间批改学生的作业吗？我总是缺乏安全感，以至于我的创作灵感完全停滞且无法写诗了，我甚至不再写日记了。那年冬天的一天，天气阴冷，我感到特别害怕，害怕查尔斯离开我，而且我也不知道我们的关系该何去何从，心痛得不行。当二号线地铁驶进站时，我仿佛看到自己卧在轨道上，一下子一切都结束了，不再渴望了，也解脱了。我好想知道身体碰到列车时的感受，我的双脚发痒，甚至有了一跃而起的冲动。

最终，我待在原地没有动。

然而，我没有走进车厢，也没有回我的小公寓，否则我又要整晚提心吊胆地和查尔斯玩猫捉老鼠的把戏。我的脑海中有一个声音，引导我走出地铁站，回到黄昏里阴冷的曼哈顿区。我穿过几条街，走向市中心，进了一家巴诺书店。

我径直走向"自助类"专区。

我一边乘电梯上二楼，一边想"这就是人生谷底的状态吧"。我曾经自以为是女权主义者、知识分子、诗人，但现在呢？我任由一个男人折磨而无力保护自己，无处可去，想写诗写不出来、想读诗又读不进去，像所有可怜虫一样寻找救星。

那时我一直在看一位心理治疗师，她叫格蕾丝，为人很好。她的诊室灯光调得很暗，书架上放满了书，我坐在舒适的皮沙发上，看着她柔和的目光。

"他把纸巾一把扔在地上，"我哭着说，"我知道他把纸巾当成我来撒气。他一点也不在乎我了。"

"他一定伤到你的心了。"她说。

她的目光里充满了关爱，但 50 分钟的会谈时间一到，我又会陷入纠缠不休的死循环中，一道道门在我面前关闭。我需要更多的帮助、某种新的帮助。

我站在书店里，展现在我面前的是一片书海，它们都有浅色调的书脊，都是"自助类"图书，看上去都一样。我向左边看去，发现了"东方思想"专区。我看到一本面朝外放置的书立在书架上，书的封面设计得很温馨——白色背景上是紫色的花朵和银杏叶，富于女性的柔美且朴素。我不由自主地被这本书吸引住，仿佛命中注定似的。我把它拿在手里，看到封皮上印着《生活在禅中》（*Nothing Special: Living Zen*），作者是夏绿蒂·净香·贝克（Charlotte Joko Beck）。打开书，第一章是这么写的：

在生命的长河中，我们不过是一个个漩涡。江河、溪流奔涌向前，期间会遇到石块、树枝、起伏不平的河床等，从而产生一个个漩涡。水流入漩涡，匆匆而过，再汇入激流之中，遇到下一个漩涡时，再重复这个过程。在短暂的时间里，似乎漩涡是漩涡、河水是河水，但漩涡中的水终究还是河水……

一个普通人会将生命中百分之九十的时间用于界定这个漩涡。我们处处戒备着："他可能会让我伤心。""这样可能会出问题。""反正我对他没好感。"这完全是浪费我们的生命价值，然而我们每个人或多或少都这样做过。

当读到这些时，我突然感到如释重负，仿佛又可以自由呼吸了。我就是那条湍急、莽撞的河。刹那间，我感到身体完全复苏了，但很快这种感觉就褪去了，我还是我，在那个没有窗户的房间里，坐在一个硬板凳上，头上顶着荧光灯，周围的人在地毯上来回走动。

然而，我不再孤单了。我有了一本新书、一种新认识、一个新的现实——一个安全基地。我知道，感情上的纠缠一定不会就此作罢，但当它压得我喘不过气来的时候，我可以回到我的安全基地、与我的新书交流。书中的话总是在我的头脑中盘旋：处处戒备是浪费我的生命价值。我不知道我的生命价值是什么，但我知道它一定和爱有关。

第 7 章

　　查尔斯与我分手前的某一天，我开始练习坐禅。那天白天，我端坐在床上，两腿相盘，背部挺直，双手做出"手印"，在短短的一瞬间，我与自己建立了联结。一直以来，我拼命不让自己遭受痛苦和伤害，现在终于感受到一些安慰了。在阳光下与自己接触的感受没有我先前想象得那么差。

　　事实上，即便在当时的心理状态下，我依然能立刻发现，不知为什么，活在当下让我感到愉悦。解除戒备心后，我的心情十分愉快。真是想不到！如玛丽所说，"我的认识突然发生了转变，这种转变是彻底且永久的。"

　　按照坐禅的方法，每呼吸一次要从 1 数到 10，然后注意自己何时忘记数数，开始想其他事情。这很快就发生了。我的脑海里一下子就出现了查尔斯——他躺在我们的床上；他与另一个女人躺在另一张床上；他走上楼，敲我的房门；他与我分手，然后又想与我和好。按照坐禅的要求，一旦我注意到自己走神了，就要轻轻地由它去，不要批评自己，然后从 1 开始重新数数。我照做了。

"1"成为我的信任所在。

我想，我很快就要到达安全的彼岸了——它近在咫尺。

虽然在坐禅过程中我遇到了种种困难，如为了保持坐姿而腰腿酸痛、大脑不停地走神、情绪难以控制等，但是我开始入迷了。查尔斯最终和我分手了，在接下来的两年里，我独自生活，在坐禅中忍着伤心忘记他，而我的生活也一点点回归正常，仿佛一个病人靠一滴滴的输液后康复了。

我非常痴迷于坐禅，甚至开始在市里一家专业场馆练习坐禅，然后又去了卡兹奇山上的一座禅院里禅修。这座禅院由青砖建造，古朴优雅，叫作"卡兹奇山禅院"（Zen Mountain Monastery）。禅院的创办者也是其住持，是约翰·戴多·卢里（John Daido Loori），他是一位知名的禅宗法师。对于这个称号，他笑了笑，说曾有日本僧人来访，把他纯粹美式的传授方法称为"牛仔式禅修"。我第一次走进禅院时，还不认识戴多，但一眼就看到了他。他和弟子们站在斋堂里，他很高，身材瘦削，有一点驼背，边抽烟边宣讲禅法。他的袖口挽着，露出一块褪色的海军文身。后来再见他时，他穿着僧服，在禅房前坐禅，对于他能够转变自己，我感到十分钦佩。就这样，我决定向他拜师。

6 月的一个星期二的早晨，我背着包，坐上巴士，沿着崎岖的山路上卡兹奇山，去禅院里静修一个月，这时距离我在巴诺书店第一次了解禅修只有短短几年的时间。先前我已经参观过禅院几次，而且当时我经常去市里的专业场馆练习坐禅，所以认识禅院里的几位僧人。先前来禅院时，有一次排队吃斋饭，我曾见过一个年轻人，他有一双清澈的蓝眼睛，当时他正和我认识的一个人笑着讲话，表情真挚。

6月的那天，当我再次走入斋堂时又看到他了，他就是赛耶。这一次他独自站在告示牌前，穿着灰色僧服和羊毛拖鞋。那时他很年轻，只有22岁，我28岁。他身材伟岸，背部很宽，留着短短的黑色卷发，走起路来地板似乎都在发颤。他很英俊、深沉，像一座大山一样让人感到安全。我心里知道，我要嫁给他。

经过为期一周的静修后，一次参禅时一位僧人为我和赛耶拍了一张照片。照片中，我们坐在禅院后面的石阶上，两个人都穿着短袖。赛耶看着远方，一脸认真地在讲着什么，我的整个身体都朝向他并专注地看着他。

三年后，我们在一个手工采石场举办了婚礼。我的结婚誓言的其中一项是"用余生研究什么是爱"。

婚后，我们住在纽约市。在赛耶获得社会工作硕士专业学位后不久，我们把床垫绑在车顶上，开车回到了禅院。我们在树林里的一间小屋中住下来，靠烧木柴取暖。那时候，每天凌晨三点钟，我们都会在一片寂静中起床，顶着月亮，沿着山间小路走到禅院。在那里，我们一连数小时静静地坐着，念诵着，过着集体生活，刷马桶。

　　我和赛耶时常感到生活的节奏缓慢、沉重，但我们都想过这种生活，因为我们感到自己正在做一件大事、一件重要的事，而且我们互相陪伴，感到很快乐。我们甚至考虑过正式出家成为僧尼，剃度受戒，立誓终生服务社区和禅师。不同的禅院对僧尼结婚成家问题的态度不同，卡兹奇山禅院可以接受僧尼结婚成家，但不允许他们生儿育女，因为戴多有亲身体会。他自己育有子女，他感到一个人一旦有了子女，子女就应当成为这个人生活中的第一要务。这倒不妨事，因为我们渴望的是内心的满足，而且我们也不知道除了这里，还能去哪里寻找内心的满足，只是禅院的生活十分清苦——缺少睡眠，过集体生活——我的身体渐渐地吃不消了。

　　在禅院禅修的第二年年底，我越发感到时时乏累、头晕目眩，而且常常突然呕吐。对此，一位耳鼻喉医生的诊断是耳内感染，进而发炎，她开给我的药方是每天要睡够 8 小时。

　　"只有足够的睡眠才能治好你的病。"她说。

　　那段时间，我已经隐隐地有所预感，而医生的叮嘱则明白无误地指出，我担心的事情还是来了。虽然我热爱禅宗，也热爱禅修，但我过不了禅院生活。我知道，我迟早会面对这个问题，但当这个问题真的到来时，我仍然抑制不住心中的失望。虽然我可以在禅院之外禅修，而且至今我也确实是这么做的，但禅院生活对全身心投入修行的独特要求已经深入我的内心。这在一定程度上反映出，我渴望探究生死问题的内涵；它还反映出，我希望如果我全身心地投入到自身以外的某件事中，也许就能忘记自身的痛苦。

然而，世事难遂人愿。我感到身心疲惫，而且也不想后半生一直为别人洗碗。

在接下来的两个月里，我们带着内心的纠结，找僧人谈话，找戴多谈话，我和赛耶之间也在反复谈论这个问题。最终，我们决定离开禅院。虽然我和赛耶都渴望在平凡的生活之外寻觅一种不平凡的生活，但现在看来，禅院生活也不如意。我们不想离开禅院太远，同时，我们知道，在探索人之所以为人的真谛时，还有另一条道路在呼唤我们，这条路一定会让我们守着家、感受家的气息。

一个冬日的下午，在山上松树林的墓地中，我和赛耶坐在一个宽大的皂石佛像前，他对我说，那几天他做了一个梦，梦见一座城市中，灯光绚烂，很多孩子像一个个小精灵一样飘在高楼大厦之间，其中有一个孩子向他飘来。这是一个预兆。他感到，该上路了。

"真的要走这条路吗？"我问道。

他看着我，没有回答。

"好吧，"我说，"那我们就要一个孩子吧。"

第8章

我和赛耶决定离开禅院后不久，便开车驶上弗恩艾克路，那是我们第一次走这条路。我们在当地的报刊上看到一则房屋出售的广告后，就和房屋中介约好去看房。

弗恩艾克路穿过一片林区，路旁有一条河，向远方延伸，我们驶过一道道桥，仿佛闯入了荒郊野岭。在这条蜿蜒的路上行驶很久后，向右转，便发现了那间红色小屋。高大的卡兹奇山横亘在我们面前，小屋傍山而建，门前立着一块大石墩。我们感到，终于有自己的家了，这是一个真正意义的家。真希望能在这里迎来我们的孩子。

9个月后，我们搬进了新家，卧室小得只能放下一张床，我们在四周的木板墙上粉刷了三遍白色墙漆。大山屹立在我们面前，已经有了些许绿意。屋子有一个小窗，打开后可以听到山脚下潺潺的流水声。我们一起下床冲了淋浴，穿戴整齐后，在林间的一个小酒馆里与几位朋友一起吃饭。我记得，那天我穿着白色立领衬衫，那是我在市里常逛的一家商店买的。那天，朋友们说，我们两个人看上去神采奕奕的。

又过了 9 个月，一天，天气很冷，还下着雨，我怀抱着阿嘉丽娅，和赛耶一起离开了医院。

我们小心翼翼地把女儿的小身体伸展开来，用朋友送的印花襁褓把她包裹好，这可是她降生后第一天穿的新衣裳，然后把她放在巨大的车座上，按照警察教给我的方法用安全带把她系好，为了这件事，我曾经特地去警察局向警察"取经"。我坐在后排的座椅上，一会儿看看熟睡着的阿嘉丽娅的小脸，一会儿看看前挡风玻璃，心里想着"她热不热？她冷不冷？我们可不要撞车呀！"

回到家中，我发现，离开家的这段时间，屋子因为下雨有些发霉了。两只猫咪从睡梦中惊醒，抬头看了看我们。整个世界给我们的反应也就是这些了，但我感觉自己仿佛经历了一次身心大换血，几乎完全认不出自己了，可是环顾四周，四面墙还是呆呆地立着，支撑着屋顶，那几把椅子松松垮垮地立在地板上，上面落了一层灰。

这时，阿嘉丽娅的小眼睛眨了眨，睁开了；她努动着小嘴——她饿了。我要在这间老屋子里展开新生活。我找个地方坐下来，解开我那丑得不像样子的胸罩，露出小西瓜一样的乳房给女儿哺乳。

虽然无人迎接和问候，只有一片寂静，但与阿嘉丽娅相伴的最初几天依然很美好。朋友们送来食物后，想坐一会儿，嘘寒问暖，但我们要给孩子哺乳、换纸尿裤，要随时赶走猫咪不让它们靠近孩子，因此完全没有精力应酬，所以把客人们都送走了。阿嘉丽娅一会儿睡一会儿醒，我们把她的婴儿睡篮放在我们的床上，让她与我们睡在一起。我和赛耶都用同款背巾抱着她，给她大声播放夏威夷歌曲，她安安静静地听着，这表示她喜欢听这个音乐，如果她睡着了，那就表示她特别喜欢听这个音乐。每个小时我至少要坐起来给她哺乳一次。我的母乳量充裕得吓人，阿嘉丽娅从我的乳房里大口大口地吞奶。她看着我，我也看着她，我们互相看着对方。

阿嘉丽娅在婴幼儿时期，每次咿咿呀呀地发出声音，我都能轻松、充满爱意地回应她，即便在我筋疲力尽的时候。此外，原因之一是那时赛耶也待在家里，能和我分担家务，夜里我们可以轮流为阿嘉丽娅换纸尿裤，轮流把她抱上床喂奶。

阿嘉丽娅是那么美好、那么完美，有了她，一切都是那么新鲜。虽然以前我对做母亲这件事有点心不在焉，但从我怀孕的那一刻起，我的心中立刻充满了爱，一心想要保护腹中的小生命。当我们把她带回家，看着她一点点成长、变化的样子，我感到母爱在心中激荡并按捺不住。但很快，另一种感受同时在我心中慢慢地滋生，那是一颗"不满"的种子，这颗种子在阴暗中很快生根发芽，最后变为绝望。

先前我曾在附近一所大学做助理工作，但后来请了6个月的产假。赛耶在一家临终安养院做社工，每天忙于工作，刚刚料理完一位死者的后事，又开着那辆黑色小丰田车赶去另一个家庭。虽然我应当对能休产假感到满足，但把养儿育女当作一项正业来做，让我想不通。对于换洗尿布和做婴儿食物这些事情，我强打起精神，但很快就开始走神。我参加了两场母婴活动，但是，要认真思考婴儿日间小睡的时间安排和乳牙萌出期间的护理办法，我简直不耐烦了，所以参加这些母婴活动后，我越发感到孤独了，无论如何也无法投入到"当宝妈"的心境中。我感到度日如年，我一分钟一分钟地等，一小时一小时地盼，直到赛耶回家，然后就对他大发雷霆，说他对我不管不顾。

那时我的感受是这样的：我十分疼爱阿嘉丽娅，但爱女儿和愿意做母亲似乎是两件完全不同的事情。阿嘉丽娅每次眨眼、每次哭闹、每次饿了都要找我，这让我感到身心疲惫。此外，我不知道要对她做些什么，我只知道自己爱她，但爱她并不是一件切实的事情，更不需要一整天的时间去做。一天早晨，我给阿嘉丽娅穿上朋友送的带红点图案的漂亮衣服，拍了很多好看的照片，整个过程用了15分钟。还有一次，我把她放在摇椅上，自己在一旁骑健身脚踏车，但她立刻就不干了，而且那天朋友们正好来家里做客，我只好假装开心，但实际上内心却很苦恼。

有一张照片是在那段岁月留下来的，在这张照片中，我坐在沙发上，一只手抱着小阿嘉丽娅，她的脸朝上睡着，另一只手抱着家里又大又胖的暹罗猫吉米，它精神十足。我穿着蓝色运动裤，那时我的乳房大得吓人。拍照那一刻，我听到赛耶从背后叫我的小名"贝蒂"，让我朝他看。于是照片里，我扭过头去，睁大眼睛看着镜头。我虽然在看镜头，但却没看见什么，一脸惊愕的表情。

后来，我的感受发生了变化。无聊变为倦怠，倦怠变为怨恨，怨恨又变为单调，单调最终变为恐慌。我记得那时我会忧虑未来的几分钟、几天、几个月甚至几年；以前，哪怕是最难熬的时刻，我也能感到灵光一闪而熬过去。就像几年前，有个声音引领我从地铁站走到巴诺书店，但在那段时间里，它没有再出现。它仿佛是我机体的一部分，就像血液或水，所以以前我一直没有注意到它，但在那段时间，它似乎正在被从我的身体里抽走。

很明显，我抑郁了。

然而，6 周后的一个早晨，抑郁的感受消失了。那时我在新罕布什尔州一个朋友的家中，前一天，我假装喜欢游泳，假装喜欢吃烤芝士三明治，做了一顿傻乎乎的晚饭，但第三天，在那个初夏的早晨，醒来后我发现，在那间不大的、古雅的房间里，赛耶躺在我身边，阿嘉丽娅还在我们旁边的游戏床里安静地睡着，我顿时感到胸口上的一块石头卸下去了。我的抑郁症就这么痊愈了。

后来我得知，产后抑郁出现在产后的第 4 个月或第 5 个月并不罕见，而且它出现得快，消失得也快。这段短暂的经历使我了解到临床抑郁患者的心酸，此前我从未遭遇过这样噩梦般的经历，之后也没有再出现过。可是，这场经历之后，我仍然感到养育女儿的生活很凄惨。我知道，这不是抑郁造成的，而是另有原因。我开始怀疑，自己真的出了什么问题。我感到心神不定，即便在我领略诗歌世界、享受片刻欢愉时，我仍然感到不安。阿嘉丽娅 6 个月大时，我开始做兼职工作，这种情况也没有好转。

以往每年春天的时候，即便我的生活中有再大的怨言、再深的焦虑，到春天也能快刀斩乱麻，给我带来舒畅的心情，更不用说夏天了——每当热浪袭来、空气潮湿得能让头发打卷的时候，无论发生什么事，也不能阻挡我开怀大笑。然而那一年，我什么都不期待，我不在乎天是否变蓝、大树是否发芽、食物是否可口、夜晚是否闷热。事实上，春回大地、草木萌生时，我感到自己更加渺小、更加尖锐。我看着阿嘉丽娅像花朵一样慢慢地绽放，又看看自己的样子，不由得感到失望。我在自己和女儿之间看来看去。

那时我还不知道，看是爱的一种形式，至少是朝着爱的方向迈出了一步。

第 9 章

阿嘉丽娅 6 个月大时，除了母乳喂养之外，我开始使用奶瓶喂她。她躺在我的怀里大口喝奶，奶嘴会发出轻柔的吱吱声，不一会儿吱吱声就消失了，那是因为她睡着了，奶瓶倒在一边，她的嘴角还有一点口水。我最喜欢的事情就是听那轻柔的吱吱声，不仅因为那个声音好听，而且还因为它是一个信号，表示我即将得到一些"个人时间"。

但很快，阿嘉丽娅就会醒来，在我身上吐奶，或者让我无法集中注意力，而我会在打开她的卧室的门时，故意弄出很大的声响，或者把玩具从她的手里抢过来，或者狠狠地瞪着她。可是，一旦我的气消了，就会感到很羞愧，她既不能说话，也不能走路，更不能控制自己的身体功能，不过是闹情绪而已，而我却浑身上下对她充满了敌意。

我算什么母亲？

我算什么人？

孩子把食物弄掉了，急得涨红了脸，哭个不停，如果母亲爱孩子，怎么会感到心烦呢？按理说，孩子因感到孤独、害怕而哭闹，正常人的反应应该是安抚孩子：好了，好了，宝贝不哭，没事了。一个爱孩子的母亲无论多么心烦意乱，都不会顾及自己的感受，而是会照顾孩子。一个善良的人不会感到冷漠。那时我感到，上天把这个小精灵赐给我，一定是我犯了大错。我完全无法对她负起责任。我肯定是出了什么问题。

最初的那几个月甚至那几年里，我感到十分难熬，我总在回忆母亲，她总是那么务实，性情总是那么平和，而我是那么暴躁、恶毒。我记得，她从没有对我吼过，但我也从没有真正感受到她陪伴过我。我肯定没有感受过她和我有过"心与心的触碰"。我认为，对于我的复杂感受，她的理解方式总是过于简单；当我讲到童年时期挥之不去的孤独感时，她的反应是那么冷淡、那么疏远，这常常让我感到沮丧。

例如，有时母亲会问，我12岁那年她和父亲离婚，我是否难过，但当我回答"不太难过"时，她并没有提出更多的问题，可是，她不是想更多地了解我吗？

母亲自称，身为人母让她感到自豪。随着阿嘉丽娅的降生，我自己也做了母亲，这让她十分兴奋、开心。她知道，我做了母亲后感觉很难，但她不知道到底有多难。她时常给我打电话说，"对，对，宝贝，我知道有时很难，但你想想，如果没有阿嘉丽娅，你过得下去吗？"

听到这个问题，我感到十分恼火。我心里想，"是的，妈妈，我过得下去，6 个月之前我就是这么过下去的。"我无法驱散心中的阴霾：我一定有某种非常严重的问题，我的心一定早已经破碎了。也许我已经病了。

我会时不时地继续翻看《西尔斯亲密育儿百科》，琢磨书中提出的亲密育儿方法。我明显感到这种育儿方法背后有某种内涵，我对它感到好奇，而且我不顾一切地想要了解，为何我时而感到豁然开朗，时而又百思不得其解。后来我读到一些话，这些话让我感到害怕，如"婴儿与父母之间开始接触彼此的方式，会定下早期依恋关系的发展基调……最初的几周、几个月是一段敏感时期，母婴必须待在一起"。那时，我还不太明白这个"依恋关系"的含义，但它似乎很重要，甚至是某种基础，因为书中写到，"我们都会犯这样或那样的错误，但依恋型父母犯错误时，对孩子产生的影响是微乎其微的，因为他们与子女之间的基本关系是牢固的。"

我肯定不是依恋型父母，所以我和阿嘉丽娅的关系不可能是"牢固"的，那么，当我"犯错误"时，会对阿嘉丽娅造成什么伤害呢？这让我担惊受怕。我在想，如果母亲有什么心理问题，那么会带来什么后果呢？那时我觉得自己一定有某种心理问题，因为书中说，"母亲与婴儿存在情感联结时，会感到非常舒心。"我从自己与女儿的情感联结中，感受不到舒心。自从阿嘉丽娅降生后的几年，这份情感联结让我感到恼怒。

其实，即便是恼怒，也可以为我们打开一扇窗，让我们洞悉真相。

阿嘉丽娅三四岁时，有一天我带她去纽约市的唐人街。我总认为，作为家长，我有义务带孩子去见识精美的东西，所以我就做了一番调查，看看哪里的点心最好。我觉得，有人推着一辆小推车转来转去，里面藏着各种蒸制的美食，要么软糯，要么耐嚼，一定会让她兴奋不已。我在网上搜了很久后，终于找到一家餐馆。据说这家餐馆看上去就像在墙上开了一个大洞，但最重要的是味道好、正宗。

我们围着那块街区找了又找，就在两个人都有些不耐烦时，终于找到了那家餐馆，它夹在一个菜摊和一个旅游景点之间。餐馆里虽然开了空调，但是和没开差不多。刚一进去，我们就闻到了那股夹杂着蒜香和鱼肉香的味道，我特别喜欢闻这种味儿。

"这里的味道怪怪的。"阿嘉丽娅说。

"不是怪，而是香！"我回答说，同时感到眼眶四周和嘴角又开始绷紧，这种感觉十分熟悉。我立刻调整口气，表现得很开心。

我们坐在靠后的一张桌子旁，桌子上黏糊糊的，挨着洗手间和一桶脏碗。那时阿嘉丽娅的门牙还没有长齐，一头卷发被梳成几个小辫子，嗓音刺耳，腿在桌子下面晃来晃去。我自己要了一听可乐，给阿嘉丽娅要了一杯苹果汁。我问了服务员后得知，只有周末才有点心推车，当天没有，我感到很失望，但好戏一旦上演，就要演完。我一股脑地点了锅贴、排骨汤面和香葱虾丸云吞。排骨汤面中的猪肉带着红汁，汤上漂着亮晶晶的油。阿嘉丽娅一脸怀疑，小心翼翼地吃着。

"这个汤的味道感觉……很怪。"即便是我自己也觉得汤的味道确实很冲、很酸，但我听不进去。

想到自己对着电脑，费了这么大力气才找到这个地方，而现在阿嘉丽娅这么不懂得感恩，我就气得咬牙切齿。我感到我们之间的隔阂加剧了，于是慌忙想要缓解。我问阿嘉丽娅是否觉得还好。我想听她说，"是的，妈妈，怎么会不好呢？""这是我一生中最快乐的一天！"

然而，她只是点点头，呆呆地环视这个小餐馆；紧接着，她一不小心碰洒了苹果汁，女服务员走过来，用一块灰色的大抹布在我们的桌子上抹来抹去，这时我的自控力终于土崩瓦解，我再也顾不上自己，也顾不上女儿。

"妈妈，我能再要一杯苹果汁吗？"阿嘉丽娅说。

"你以为我很有钱吗？"我凶巴巴地说，同时把一大杯温水放到她的面前。

我坐在那里，一言不发，表情冷峻、严厉；在我的对面，就坐着那个弱小的人儿，她"十分努力地配合着"，我拉着她穿过市里的大街小巷来到这里，只为了满足我的一个愿望，但现在，我的眼里却看不到她了，我的心里没有她了。她坐在那边，我坐在这边，之间相隔万里。

而后，不知是什么原因，就在我感到自己与阿嘉丽娅相隔万里的那一刻，我发觉我不顾一切地想要和她在一起。为此，我愿意克服自身的重重困难。我挣脱掉距离感的束缚，清醒过来。阿嘉丽娅就坐在那，小脸鼓鼓的，富有弹性，长长的睫毛罩着一双蓝色的眼睛，小牛仔裤和黄色衬衫带着白边，一双耳朵小巧玲珑，小胸脯随着呼吸起伏。她看着我，眼神里有些难过，又看看四周，然后又转过来继续看着我。

当我不再纠结自身苦恼的一瞬间，再次发现阿嘉丽娅散发着小孩子独有的美好，实际上，我自己和阿嘉丽娅同时出现在我的意识中。女服务员的面容那么和蔼可亲，其他食客大口地吸着面条，仿佛比刚才更开心了。小小的餐馆里坐满了人，他们是那么平凡，但又那么可亲可爱。

这个过程真神奇。

我结完账后，带着阿嘉丽娅径直走向一家中式糕点店，点了甜甜的柠檬汁和一块烤奶油面包。我们坐下来，看着熙熙攘攘的便道上行人如织，就像一群欢快的鸟儿略过一片灰色的天空。

第四卷　形影不离

BIRDS OF
A FEATHER

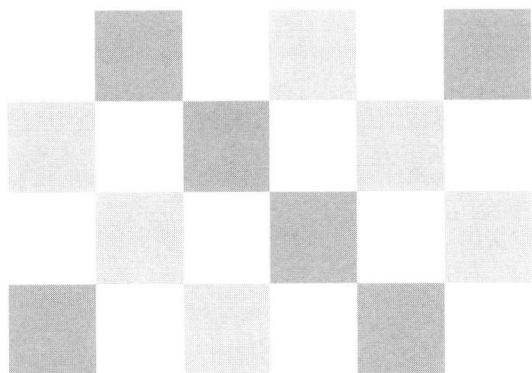

孩子想要与人交流时，敏感型母亲……会热情地与孩子交流；孩子想要玩耍时，敏感型母亲会愉快地陪孩子玩耍。

——玛丽·安斯沃斯等人

《依恋模式》(*Patterns of Attachment*)

第 10 章

　　时光回到 1938 年。那时，约翰·鲍尔比还是一位年轻的精神分析工作者。他的督导师是著名的弗洛伊德学派精神分析学家梅兰妮·克莱茵（Melanie Klein）。克莱茵曾对鲍尔比说，对婴幼儿而言，母亲并不重要。鲍尔比遇到的第一个案例是一个小男孩，按照今天的分类标准，可能会称之为"多动症患者"。小男孩的母亲似乎是"一位极其焦虑、苦恼的妇女"。当鲍尔比想要和这位母亲交谈时，克莱茵没有同意，她认为，小男孩的母亲与本案例无关。后来，这位母亲精神崩溃并入院治疗，克莱茵对此的评价是"真烦人"。由于男孩的母亲无法再带他来接受治疗，克莱茵和鲍尔比就选择了另一个家庭作为研究案例。

　　那时候，弗洛伊德学派的典型观点是，虽然人们往往认为，神经症的病因是患者的母亲在其早期养育过度或养育不足，或者患者的父亲过于专制或过于软弱，但"在治疗时"，精神分析师处理的是患者的心理活动（其表现为幻想、梦境或强迫行为），而不是患者在现实生活中以前或当前的关系。

在那个时代，人们对亲子之间的爱不屑一顾，认为它是婴幼儿对食物的"首要欲望"的另一种措辞。那时，弗洛伊德学派的精神分析学家认为，爱不过是婴幼儿为了满足口腹之欲所做的掩饰，就像某些通灵术士所做的骗术。也就是说，父母一手把我们养大，我们爱的是那双喂我们的手，"有奶便是娘"的理论也由此而来。

从文化角度看，我们自然而然地会对这些陈旧的观念嗤之以鼻，而且我们都认同，人类关系具有强大的力量，可以改变我们的生活。然而，阿嘉丽娅降生后，我的身边逐渐形成一个"妈妈圈"，许多人都在劝我不要太担心，就是那套"小时候父母从不管我，现在我照样很好"的认识，听到这些认识，我仍不免感到惊讶。现在回想起来，我能理解人们建议家长放松心态是有道理的，而且我自己确实颇费了一番周折才学会如何保持放松的心态。但是，在这条建议的背后隐藏着一种认识，认为我们养育子女的方式或方法并不是那么重要。这种认识让我感到不安。

当我们思考我们养育子女的方式或方法会对子女产生多大的影响时，常常会想，子女除了受我们的影响之外，是不是还受其他因素的影响，如子女自身的性格和其他与生俱来的特质？那么，子女幸福与否，我们要承担多少责任？这种将父母因素和其他因素割裂开来的认识是错误的，玛丽·安斯沃斯在 1997 年，也就是她临终的 2 年前接受皮特·L. 路德尼斯基（Peter L. Rudnytsky）的采访时，给予了说明。

路德尼斯基：那么您是为性格因素留有余地的？

安斯沃斯：是的，但是，即便一位母亲养育了几个孩子，而且每个孩子与生俱来的特点各不相同，这位母亲仍然可以恰到好处地回应每个孩子的需求，而且她还能够对孩子提供的信号保持敏感。

路德尼斯基：那么您是说每个孩子都带有一些与生俱来的东西？

安斯沃斯：是的，所有人都知道这一点。

玛丽的回答很重要。孩子的有些性格特质是天生的，这些特质确实重要；而且照料者在照料孩子时，敏感程度有所不同。但是，不论孩子的性格如何，照料者越敏感，越与孩子同频，那么对孩子越有益。我们的孩子会遭受各种各样的人间疾苦，让人心痛，我们可能会说，即便我们疼爱孩子，也于事无补，但事实恰恰相反。如果个体在童年时期得到关爱，那么无论以后个体在成年时期遭遇何种疾苦，都可以更好地应对它。

然而，在鲍尔比的学生时期，其督导师认为，即便个体的情感创伤是因为其照料者表现迟钝甚至更恶劣的问题造成的，但与个体内在、私人的心理活动相比，个体与照料者之间的关系就显得微不足道了。个体内在、私人的心理活动就是指弗洛伊德学派精神分析师坐在沙发上，进行"梦的解析"式精神分析时，那些让人感到过瘾的分析内容。也就是说，弗洛伊德学派虽然承认个体是家庭的一部分，但仍然将个体看作一个单独存在的孤岛，所以，当鲍尔比发觉无法把患者从其各种关系中隔离开来，从而提出将小男孩的母亲也列为研究对象时，督导师克莱茵出面阻止也就不足为奇了。克莱茵认为，将小男孩的母亲的心理状态乃至她能否敏感地照料小男孩的问题与小男孩的心理状态联系起来的做法是荒谬的，而且当这个已经处于困扰之中的小男孩又不得不与母亲分离时，克莱茵也没有表现出忧虑，因为在她眼中，一个孩子的母亲是完全可以替代的。

鲍尔比一生致力于研究患儿，我时常想象鲍尔比年轻时，面对这个让人心碎的失败案例时的样子：他一定挠着头，扪心自问，自己如何适应这套理论，然后改变现状。当时，鲍尔比无法接纳该研究领域，因为他认为，"现实生活中的事件，即父母对待子女的方式或方法对子女的发展至关重要。"在临床案例中，精神分析师偶尔也会调查患儿的家庭生活，但精神分析师关注的因素都是错误的，他们只关注患儿生活的外部因素，如父母是否会保持家庭整洁、父母是否酗酒、父母是否离异等，而不关注患儿的各种关系的内涵。然而，鲍尔比认为，一个孩子幸福与否，最重要的因素莫过于这个孩子是否有一个关爱他的人。虽然鲍尔比知道关爱才是最重要的因素，但因为他学习的是另一种理论，所以他知其然而不知其所以然。

12 年后，也就是 1950 年，鲍尔比在伦敦塔维斯托克诊所（Tavistock Clinic）任副所长。那时欧洲刚刚经历过第二次世界大战，大量儿童沦为孤儿并被收入孤儿院，世界卫生组织委托鲍尔比调查这些无家可归的儿童的状况以及从他们的遭遇中可以汲取哪些教训。他的调查报告于 1951 年出版，题为《母爱与儿童健康》（*Maternal*

Care and Child Health），该报告被译为 14 种语言，售出 40 万册。

报告称，如果儿童失去父母，而且没有人替代母亲来呵护儿童，那么这些儿童会遭受严重的心理创伤，以至于造成严格意义上的情感伤害。也就是说，如果这类儿童的身边依然有家庭成员呵护他们，那么他们的情况会好很多；相比之下，如果他们的身边没有"特殊他人"而只能被收留在孤儿院里并经历心理失调，那么这类儿童的状况会很差，这两类儿童的状况之间存在天壤之别。后一类儿童的"不良反应"包括"对事物漠不关心、表现冷淡"，以及语言能力和运动神经的发展"相对迟缓"。鲍尔比作了一个十分贴切的类比，他说，"母爱对于婴幼儿的心理健康必不可少。这一发现具有重要的意义，不亚于当年人类发现维生素对于生理健康必不可少。"

鲍尔比通过研究逐渐认识到，个体心理健康的条件是"在婴幼儿时期与母亲或母亲的长期替代者之间存在温暖、亲密且持续的母婴关系，而且母婴双方对这一关系都感到满足和快乐。"他还指出，如果儿童因父母死亡或被监禁而逃离战乱中的家园并寻求栖身之处，那么这类儿童获得心理健康的必备条件是他们与父母替代者之间存在愉快的互动。他不仅发现孤儿需要父母替代者来陪伴，而且还认为"享受快乐"（即愉悦）是孤儿健康成长的必要条件，而享受快乐是无法凭空出现的，所以社会需要为儿童的父母或其代替者提供经济上和精神上的支持。在那个行为主义和"有奶便是娘"理论风行的年代，这个观点意义重大，其影响持续至今。

该报告出版后，鲍尔比进一步拓宽并加深了对母婴分离问题的研究，因而急需补充研究人员，所以他在伦敦发布了一条招聘广告。

　　1950 年年末，玛丽和丈夫抵达伦敦后，通过朋友知道了这条招聘广告，具体工作是在塔维斯托克诊所研究"婴幼儿与母亲分离对其性格发展的影响"这一课题。玛丽前往诺维斯托克诊所面试，见到了鲍尔比，从此两个人结下了终生的友谊，这也是科学史上重要且富有成效的伙伴关系之一。玛丽曾说，"没办法……我们对彼此有好感！"

第 11 章

1951 年夏天，也就是玛丽和丈夫兰恩一同前往乌干达的几年前，她在诊所的工作逐渐稳定下来。在这个时期，约翰·鲍尔比通过朋友了解到科学家康拉德·柴卡里阿斯·洛伦兹（Konrad Zacharias Lorenz）的研究课题，并由此发现了一个新领域——动物行为学。鲍尔比很快意识到，自己翘首以盼的正是洛伦兹提出的概念，这些概念仿佛一座学术桥梁，将他有关母婴关系的观点推向世界。

"真是让人喜出望外，"鲍尔比写道，"他们很优秀，是一流的科学家，是敏锐的观察者；他们研究其他物种的家庭关系，这些物种的家庭关系与人类的家庭关系十分类似。他们的研究工作很了不起。那时，我们还在黑暗中摸索，而他们已经拥抱明媚的阳光了。"

鲍尔比所说的"其他物种"主要是水禽。

洛伦兹是诺贝尔奖获得者，他小时候生活在奥地利。有一次，他的邻居送给他一只刚出生一天的小鸭子，他发现小鸭子不但没有把他当成异类，而且似乎还把他当成了爸爸，这让他很开心。他十分喜爱动物，有时甚至想要变成一只动物，如一只灰雁。

1935年，32岁的洛伦兹已经成为一名医师，但仍然痴迷于动物，尤其是鸟类。这一年，他发表了自己最为著名的论文《鸟类世界的伙伴》(*The Companion in the Bird's World*)。他的父母在奥地利有一座庄园，他在庄园里观察周边将近30种鸟类并记录它们的习性，而且逐渐动手孵养一些幼鸟。他做了一项实验，并在论文中记录了实验的过程：他将一窝灰雁蛋（7至10枚）分为2组，其中一组由灰雁正常孵化喂养，另一组由他孵化并模仿母雁咯咯叫喂养长大。他通过鼻腔发音，对着那群自己养大的雏鸟发出"哦哦哦"的声音来召唤它们，雏鸟们就会跑到他的脚边，后来甚至飞到他的脚边。

灰雁雏鸟破壳后，第一眼看见什么生物在自己的身边活动，就会向这个生物寻求保护与呵护，这种习性逐渐进化，以至于无论这个生物是灰雁还是人类，雏鸟都会把这个生物当作母亲。它们逐渐学会通过声音辨识并追随母亲，正是通过这一现象，洛伦兹才发现，灰雁等多种鸟类的雏鸟会追随破壳后第一眼看到的生物，这是一种遗传习性，虽然在田里耕作的农民早已注意到了这一点，但洛伦兹最先为这种习性命名，他称之为"印记"(imprinting)。他还发现，这种"一见钟情"式的依恋一般出现在雏鸟破壳后12至17个小时之间，而且32个小时之后，这种爱就会延续终生：无论是谁给雏鸟喂食，雏鸟总会回到最初的"母亲"身边。喂食可以作为对雏鸟的奖励并加深已经存在的印记，但不是形成印记的主要因素。

30 年来，洛伦兹一直与灰雁生活在一起，他称那些年为"灰雁相伴的夏天"。给灰雁留下印记的有他自己、团队中年轻的研究生，甚至是一些没有生命的客体，如白色的球体、不同图案的橡胶靴子，包括条纹图案、"之"字形图案和斑点图案。雏鸟会追随第一个出现在其眼前的一切动物或物体。

1975 年，美国国家地理学会派摄制组来到马克思·普朗克科学促进会拍摄纪录片，洛伦兹时任促进会会长。该纪录片由莱斯利·尼尔森（Leslie Nielsen）配音，那时他还很年轻。纪录片讲述了在洛伦兹的指导下，一批年轻的德国研究生自己孵化并养育灰雁雏鸟的故事。一位名叫克里斯蒂的女学生向观众展示，养育过程其实在灰雁蛋孵化前就已经开始了。只见她从一架褐色的陶瓷孵化器中小心翼翼地取出一枚灰雁蛋，并把它举在耳边。"呜咦、呜咦、呜咦、呜咦。"她开始呼唤，每一次发音的末尾语调略有上扬，仿佛在向灰雁蛋发问，这时雏鸟在蛋中给予回应，那是一串音调尖锐的啾啾声。

到了仲夏时节，这一窝雏鸟已经长成胖乎乎的幼鸟，身上也长出了浅黄褐色的羽毛。研究人员把它们与其他几窝幼鸟一同放到一片绿油油的田野里，它们根据克里斯蒂穿的带黄黑色条纹的橡胶靴子找到了她；其他几窝幼鸟根据斑点图案的靴子和"之"字形图案的靴子各自找到了孵养自己的研究生。

这让我想起，有一次在曼哈顿，我跟在一位母亲的身后，她送三个孩子去上学。在斑马线前，她没有过马路，而是领着最小的女儿向左转过了路口，但另外两个孩子——一个女孩和她的哥哥满面困意，头上还戴着耳机，所以没有注意到母亲转弯了，而是径直走向斑马线要过马路。突然，他们发现母亲已经改变了路线，于是，他们也一言不发地转过了路口。

让那两个满面困意的小孩紧跟在母亲身后的，是一种无形的东西、一股神奇的力量。

印记这个概念让鲍尔比有了焕然一新的认识。婴儿出于天生需求，与照料者建立情感联结、依恋照料者并由照料者留下"印记"，这个认识使他提出一套理论，婴儿与照料者之间建立早期关系不是他们为吃饱肚子所做的随意行为，而是人类生理功能与心理功能的一个核心方面——一个"亟待解决的需求"，就像灰雁追随照料者对其生存至关重要一样，这个需求对我们的生存至关重要。这也解释了另一个问题，即个体早期与照料者分离、失去关爱，其后果为何如此严重，因为个体的基本需求被剥夺了。

在洛伦兹的研究成果中，有一个概念对鲍尔比的依恋理论尤为重要，那就是"社交呼应行为"。洛伦兹发现，同一物种的动物之间存在本能的交流，此外，他和他喂养的灰雁之间也存在本能的交流，于是便提出了这个概念。这一概念正是依恋理论的内涵——婴儿与照料者之间存在与生俱来的"呼唤与回应"。当时鲍尔比称这种呼应产生的状态为"心理健康"，但很快他和玛丽称之为"安全型依恋"。

社交呼应行为这个概念很简单：一个机体受到另一个机体的行为激发产生反应，但这种反应是我们日常生活中司空见惯的体验，所以难以察觉。社交呼应行为与条件反射不同，后者在外界刺激出现前始终保持休眠状态。也就是说，如果一个人在另一个人身上挠痒痒，那么另一个人会条件反射地哈哈大笑或躲避，之后这个人的反应会终止，而不会产生连锁反应。此外，社交呼应行为也不同于吃饭等生理需求，因为这种生理需求在我们每个人的体内是自主存在的。即便我们独处时也要吃饭。

社交呼应行为可以产生社交呼应，即在社会性生物之间形成呼唤与回应。有一个简单易懂的例子，那就是鸟儿的鸣叫，一只鸟的叫声会引来其他鸟的回应，我们都见到过这样的呼应。每一天的每一分钟，各种生物无论大小，从鱼类、爬行动物到昆虫等，都会通过外激素、羽毛、跳跃、外表、身体接触、声音和气味等信号方式做出不计其数的社交呼应。即便是大树之间也有联系，它们之间盘根错节，彼此呼唤，彼此回应。当有人朝我们微笑、而我们也以微笑回应时，从社交呼应的角度看，我们不过是完成了一次呼应，这次呼应不但属于我们，也属于朝我们微笑的那个人，这样说来，连我们脸上的微笑也不完全属于我们。有时我们觉得自己的生活不过是一场独角戏，自顾自地忙碌着，但我们没有看到我们和他人之间存在多么牢固的情感联结。

就像阿嘉丽娅啼哭时，我的乳房充盈着乳汁，感到刺痒难耐。

玛丽协助鲍尔比分析其收集的第二次世界大战后孤儿的数据时，并不接受鲍尔比提出的这种新理论。日后写到这件事时，她说当时自己"被洗脑洗得过于严重",只相信"有奶便是娘"的理论,认为鲍尔比的脑子坏掉了,而且还亲口对鲍尔比这么说了。后来,她离开诊所来到乌干达后,决定要亲眼看看母婴之间"到底"是何种状况。在研究当地家庭期间,她很快发现,鲍尔比提出的依恋理论是完全正确的。她写道:

> 我曾经以精神分析的观点思考问题,后来发生了转变,开始以动物行为学的观点思考问题。再后来,我读到了库恩^①提出的"范式转移"^②,我感到我所做的转变就是范式转移……(后来)我与行为主义学者之间出现很多分歧……我实在无法指望他们理解我的观点,我感到自己更胜一筹,和他们争论没有意义!

1958 年,也就是玛丽离开乌干达 3 年后,鲍尔比发表了关于依恋理论的第一篇论文《母婴间纽带的本质》(*The Nature of a Child's Tie to Its Mother*)。当时,对于亲子关系的认识,虽然弗洛伊德学派的观点居主导地位,但这篇论文围绕印记这一概念提出了另一种理论:

> 本文的论点是,人类婴儿与其他物种的幼崽一样,具有一项复杂而精密的本能反应能力,这项能力在婴儿刚出生的几个月内逐渐

---

① 托马斯·塞缪尔·库恩(Thomas Samuel Kuhn, 1922—1996),美国科学哲学家。——译者注

② 范式转移(paradigm shift),由美国科学哲学家库恩提出,指一门学科在基础理论和实验方法上出现的根本性改变。——译者注

发展成熟，其功能是使婴儿从父母那里获得足够的关爱而生存下去。

然后，他继续写道：

为此（即生存下去），婴儿的本能反应能力会使婴儿亲近父母并激励父母做出行动。

当时，鲍尔比的同事还不能理解，包括儿童及其父母在内，我们每个人都渴望亲近我们所爱的人，那种感受是一种反应，它如此强烈，有时甚至让我们倍感煎熬，原来这种能力是我们通过进化获得的；同样，他们也不能理解，我们可以激励彼此，使彼此互相亲近。这一观点虽然听上去平淡无奇，但按照依恋理论研究者伊因·布列瑟顿（Inge Bretherton）所说，它具有颠覆性，"在英国精神分析学会中引起了一场轩然大波。连鲍尔比身边的精神分析师琼·里维埃（Joan Riviere）都公开反对。"

鲍尔比表述的观点是，爱不只是一种感受，而是个体行为系统的一部分，一旦激活就一定要达到既定目标，而后方可休止。

使儿童的依恋系统开始运转的，既有外因，也有内因。例如，"疾病、饥饿、疼痛、寒冷等"是外因，而"缺少依恋对象或远离依恋对象、依恋对象离去或返回、被依恋对象或他人拒绝、依恋对象或他人缺少回应，以及各种令人不安的事件，包括陌生的环境和人"都是内因。

让个体感到脆弱的因素不胜枚举。

然而，不管让我们感到脆弱的是外因还是内因，我们的依恋系统要达到既定目标主要取决于内因。我们要"感受到"心与心的触碰。例如，一个孩子呕吐后，母亲递给她一盒纸巾，让她擤鼻子，这种做法没有错误；但如果母亲坐在孩子身边，一边把一块方巾放在她的额头冷敷，一边轻抚她的头发、真心实意地告诉她说，她现在不舒服，妈妈为此感到心疼，那么效果可就大相径庭了。

如果有人对你说，他爱你，你会感到温馨；感到被爱是一种幸福，使我们在"被爱着"的心境中展翅翱翔、享受生活的快乐。毕竟，如果一个人尤其是我们如此依赖的依恋对象真正在意我们，那么他们打电话来嘘寒问暖时，我们是可以分辨出来的。这些重要的人能否陪在我们身边、能否留在我们心间，我们都非常敏感，仿佛我们和他们是一个整体。

事实上，鲍尔比将社交呼应行为这一概念描述为两个机体共同完成的一次动作，如果把每个机体的呼应本能比作一只操纵杆，那么这只操纵杆并不是孤立的，而是与另一个机体之间存在固有的联系，这两个表面上分离的机体实际上作为一个整体发挥作用。

所以，本文提出，本能行为的基本模型是，一个整体具有一种因物种而异的行为模式，也可称为本能反应。该本能反应由两个复杂机制共同执行，其中一个复杂机制负责发起该本能反应，另一个复杂机制负责终止该本能反应。

例如，一个鸟类整体是这样彼此回应的：

（科学家）观察到，早春时节，如果一只雄性苍头燕雀周围存在一只雌性苍头燕雀，那么即便这只雌性苍头燕雀什么也不做，雄性苍头燕雀也会减少鸣叫与寻觅等求偶行为。雌性苍头燕雀在身边时，雄性苍头燕雀会很安静，雌性苍头燕雀不在身边时，雄性苍头燕雀会变得很活跃。

只要雌性出现，就足以使雄性安静下来，因为雄性的既定目标已经实现，即与雌性亲近、便于交配。

鲍尔比给我们的启迪十分深刻。我们之所以为人、之所以能够存活并繁衍，是因为另一个人的存在。我们以为自己是一个独立存在的个体，但实际上我们与他人深深地相互依赖着。我们是"一个整体"并构成"一个关系"。

鸣叫、寻觅、微笑、哭闹——灰雁雏鸟追随灰雁"母亲"、乌干达的母婴在屋中远远地互相微笑、阿嘉丽娅在中餐馆的桌子对面等我消除怒气，所有这些事情，我们都要一起完成。

第 12 章

　　唐人街那件事之后，我加倍努力，要做一个好母亲。虽然我一直喜欢做饭，但我从来没有做过曲奇饼干，因为我总是学不会，但这次我决心再试一试，在阿嘉丽娅去幼儿园的第一天为她做一些奶油曲奇饼干。于是，在那个秋天的大清早，我站在厨房里，用蜡纸把一块曲奇饼干包好，并在上面画了一颗爱心。我感到很得意。

　　我一边想象阿嘉丽娅在幼儿园第一次吃午饭时，打开我为她做的曲奇饼干的样子，一边回忆小时候母亲给我准备的午餐，那只是一个三明治，白面包上有一片薄薄的午餐肉，也许还会有一包薯片。家里做的正餐总是 20 世纪 70 年代特有的健康饮食，营养均衡，色彩搭配得当，但回想起来，我觉得那些饭菜总缺少一些灵气。母亲对甜食似乎情有独钟，家里总是有她亲手制作的甜食，只是我从来不喜欢吃，这是我们母女之间的另一个隔阂。直至今天，母亲依然钟爱甜食，我们到密歇根州去看她，只要一进屋，阿嘉丽娅就会径直跑到橱柜那里去，橱柜被擦得一尘不染，里面的物品摆放得井然有序，其中有一个玻璃罐子，里面放着满满的花生巧克力豆。虽然母亲独自生活，但每天都自己做饭吃，甚至每天都做甜食。

这些日子，我们再去看我的母亲时，阿嘉丽娅就会问我，我能不能像我的母亲一样。

这时，上幼儿园的阿嘉丽娅走进厨房，手里端着味噌汤，倚在冰箱门上，仰着头看我，我突然从回忆中醒过神来，回到现实。"妈妈，"她说，"我想像你一样。""啧啧啧，没有白努力，终于得到回报啦！看我多棒！"我想着。"怎么了，宝贝儿？"我问道，流露出一丝得意扬扬的口气。"因为那样的话，我就可以一直生气了。"她答道。

这个回答让我目瞪口呆。

"你真的觉得我总是生气？"我问道，"我是说，我最近还是总生气？"

"嗯。"她一边回答，一边认真地点头。

"我生气时是什么样子？"我继续问。

"像一只凶恶的大灰狼。"她说。

"凶恶的大灰狼是什么样子？"我又问。

她模仿了一个表情，仿佛我的面前立着一面镜子。

总是这样。每次我自以为把一件事梳理清楚了，阿嘉丽娅就会指出它的破绽。当这种事发生时，总让人感到心慌意乱，但我还算幸运，因为一份本地杂志得知我既信佛又育有子女后，请我以这种双重身份写一个定期专栏，这样我就有机会将这些经历写下来，并与读者分享。我将这个专栏命名为《花开花落：一位信佛母亲的独特人生》（Flowers Fall: Field Notes from a Buddhist Mother's Experimental Life）。从阿嘉丽娅未满 1 岁开始直到她 8 岁，每个月我都要坐下来，细细盘点我身为人母与禅修之间的矛盾。

禅修多年后，我领悟到，要了却烦恼就要专注于自己的内心。然而，我担心这种做法过于自私。身为人母却专注于自己，这样做对吗？我不是应该专注女儿吗？我一直对自己说，静修让我更加了解自己，从而能够对女儿更好，但这是不是在自欺欺人？我努力开启自我意识和女儿有关系吗？我这样做是不是在逃避现实？我知道，如果我粗糙的心柔软下来，那么无论从哪个角度讲都是一件好事，但我习惯于忧心忡忡，所以我需要由我信任的人告诉我，我没有走错方向。

于是，随着阿嘉丽娅慢慢地成长，我开始采访各类人群，其中不仅包括佛门弟子，还包括作家、人类学家、儿科医生和营养学家等，只要是愿意和我谈话的人，我都会采访。我会问他们那几个最迫切的问题，即为人父母意味着什么？人何以为人？他们是如何做的？

与此同时，我把阿嘉丽娅当作我内心的晴雨表，一直观察她，而她似乎表现得很正常，这对我而言是莫大的安慰。她似乎没到无可救药的地步，至少目前没有，但以后未可知。目前可以肯定的是，她从来没有因为怕我而说假话，这无疑是好事。

为了写专栏，也为了解答自身关于为人父母、爱和养育女儿等问题的疑惑，我四处挖掘知识和信息。在此过程中，我慢慢地在文章中、书中和采访中注意到"依恋"这个词，但依恋这套说辞似乎和我读过的《西尔斯亲密育儿百科》里提出的注意事项完全不搭界。这时，我又发现了由母婴参与的陌生情境实验，还有各种依恋模式，并觉得莫名其妙。我在网上搜索相关的信息，发现了一些照片，有孩子握着玩具、母亲坐在椅子上的，还有一位年长的女士，她的穿着打扮是老式的，牙齿很整齐，名叫玛丽·安斯沃斯。她表情庄重，但又在笑，我真想知道她在想什么。

陌生情境实验像一个室内游戏，有一些科学内涵，还有一些危险，一些父母感到焦虑，想要弄清楚自己的孩子是"安全型"还是"不安全型"，是"回避型"还是"矛盾型"。这真有趣，但也让人害怕！

我开始逐一观看网络上能找到的所有陌生情境实验的录像，看那些婴幼儿和母亲进入房间、离开房间、孩子哭闹、被母亲抱起、安静下来。后来我了解到，网络上公开的资源只是安全型孩子的录像，不过在我看来，有些孩子不太像安全型。

有一对母女，小女孩名叫凯洛琳，她穿着连体裤，她的母亲身材修长、和蔼可亲。当凯洛琳的母亲把她独自留在房间里后，凯洛琳号啕大哭，她走到门边、站在那，一边等妈妈一边哭泣。然后她的母亲回到房间里，把她抱起来，哄了哄她，她立即就安静下来了。

"这个孩子看来是安全型。"研究人员宣布了实验结果。当时，我不明白这个结果的判断依据是什么。如果这个孩子是"安全型"，那么她的母亲离开时，她为什么会哭呢？那时我以为，"安全型"孩子因为感到安全，所以不会在意是否有母亲陪伴。当时，这场真实的母婴交流让我很感兴趣，但现在看来，那时我过于焦虑，对阿嘉丽娅和我自己忧心忡忡，以至于完全无法理解这个实验的内涵（后来我了解到，焦虑是一个术语）。同时，即便想破头，我也想象不出我的母亲和我在陌生情境中会是什么样子。

我的母亲离开房间后，我会哭泣吗？她回到房间后，会注意到我流泪了吗？如果她注意到了，会不会告诉我"不要去理会"？她会不会把我抱起来？如果会，那么是例行公事，还是真情的流露？而我会在乎吗？她会在乎我是否在乎吗？我们这对母女会是什么类型？

有一个视频给我的印象尤为深刻，我看了很多遍，视频的名称是《玛丽·安斯沃斯的陌生情境实验：依恋与爱的产生》（Mary Ainsworth's Strange Situation: Attachment and the Growth of Love）。视频开始时，先听到一只手轻拍婴幼儿背部的声音，然后出现婴幼儿、儿童、父母和青少年、成人——处于各种关系的人。而后是一段简单且优美的吉他曲子，一个男声旁白道，"生命中最可贵的，莫过于我们与所爱之人的亲密关系。一份健康、充满关爱的关系会让我们感到愉悦、充满信心地去迎接挑战并渡过难关。我们称这条情感纽带为爱，这就是玛丽·安斯沃斯的研究课题。她通过科学的方法研究爱及爱的产生过程。"

这段视频十分简单，但我完全放不下它。"通过科学的方法研究爱"？这个腔调听上去有些哗众取宠，但我对这个男声和屏幕上出现的已故的玛丽·安斯沃斯的形象有好感，她有一张宽脸庞，面容和蔼可亲，带着 20 世纪 50 年代的仪容。不知是什么原因，在反复观看这个视频的过程中，我备受鼓舞，对阿嘉丽娅更好了。

在这个视频中，我最喜欢看的一幕就是叙述者（也就是那个男声旁白者）坐在一个家庭中，一边观察这个家庭中母婴的日常活动，一边做笔记。孩子的父亲要去上班，孩子和母亲对他说再见；孩子吃饱了；母亲收拾家务；孩子哭闹，母亲把孩子抱起来。我看不出叙述者到底想要观察什么、记录什么，以及这些事情和依恋有什么关系，但他在观察这些母婴时，脸上流露出一种善良而中性的微笑，这让我感到宽慰，仿佛在不妨碍他们的前提下，认真观察他们就是在关爱他们。更为奇妙的是，我在观看视频的过程中，仿佛也有了被爱的感受。

2016 年，阿嘉丽娅 10 岁，我乘飞机到弗吉尼亚州的夏洛特维尔市，来机场接我的是鲍勃·马尔文（Bob Marvin），他就是上述视频中做笔记的叙述者，此外，他还是玛丽·安斯沃斯的弟子、好友兼遗嘱执行人。这位头发花白的老人开着一辆亮丽的宝马送我去酒店，对于这位让他"佩服得五体投地的大师"和挚友，他热情地向我讲述玛丽的故事以及他们共事多年的经历。

第二天早晨，在古老而优雅的夏洛特维尔市，我走过大街小巷，来到安斯沃斯依恋诊所，这家诊所由马尔文一手创办。他把我带到库房，我们一起搬出 20 箱档案，里面收藏着安斯沃斯居住在巴尔的摩市时，在自家书房里所做的笔记，其中包括她带领马尔文等团队成员所做的家庭观察记录，观察时长总计达数百个小时，记录的内容十分翔实。此外，档案中还包括安斯沃斯做陌生情境实验时所用的透明编码表，以及她在乌干达所做笔记的手写稿和机打稿。

我是有幸见到这些档案的第一人，因为我是第一个提出这个请求的人。

当晚，他邀请我去家里做客，并向我介绍了他美丽的妻子雪莉·马尔文（Cherri Marvin）。他向我展示了玛丽的母亲用过的一套银茶具，现在由他继承了下来，还有一幅赫尔曼·马利尔（Herman Maril）的画作，画中是一只小舟停泊在马里兰州港口，赫尔曼·马利尔是玛丽十分喜爱的画家。鲍勃和雪莉请我到餐馆吃饭，我们一边品着红酒，一边谈论玛丽。席间，鲍勃和我不禁为往事流下了热泪。

那时我越发感到，依恋是随处可见的。在看似不相干的文章中、在我珍藏多年的书籍中，总会意外地发现依恋的影子。日常生活中的例子就更多了：一个蹒跚学步的幼儿伸出小胳膊想要大人抱抱；地铁里一个婴幼儿安静地看着爸爸；夫妻之间寻求眼神的交流，想要获得安慰；一个不愿与人交流的孩子生病后想要被拥抱；人们通过各类社交软件彼此分享快乐，等等。每次不经意地一瞥，我总会发现，人们在身心需求的呼唤下想要待在某个重要他人的身边。

鲍尔比是这样讲的：哺乳动物和鸟类的幼崽感到害怕时会跑向一个地方，如窝或巢；而人类感到害怕时会跑向一个人。1958年，鲍尔比写信给妻子乌苏拉（Ursula）说："大多数人觉得恐惧就是要逃离某种东西，但他们只知其一不知其二，因为恐惧不仅包括逃离某种东西，还包括逃向某人。"无论在哪儿，我们都可以看到，一个人跑向另一人寻求安慰。

一只小兔子发现狐狸正在猎食，会跳到母兔身边。一个孩子在屋里高兴地玩，这时一个陌生人走进屋，孩子看看母亲，想知道有没有危险。一位女性迎来了自己的孩子，她不知所措，在慌乱中她开始收集知识、阅读资料、思考和领悟。在此过程中，她感到与某种东西产生了"心与心的触碰"。

第 13 章

12 月的一个周末，我们在禅院结识的几位朋友从多伦多赶来看望我们，他们和赛耶一样，都是心理治疗师。他们很崇拜鲍尔比和安斯沃斯，而且刚刚参加了丹·西格尔（Dan Siegel）博士举办的培训课程，西格尔博士是著名作家、神经科学家和依恋理论研究者。经过培训，这几位朋友对依恋有了全新的认识，这些认识我还从未接触过。

我们把阿嘉丽娅安顿好，让她睡下。在她的床上，毛绒玩具堆成了小山。然后，我们拿出红酒和奶酪，在餐桌旁坐下来，准备开始叙旧。我们先是聊了聊个人和家庭近况，而后他们告诉我们说，有一种依恋研究工具叫"成人依恋访谈"，这个访谈工具是由玛丽·安斯沃斯的一位非常有名的学生研究出来的，基本上是针对成年人的陌生情境实验，目的在于揭示成年人的依恋系统的"内在运行模式"，即心理表征。

成人依恋访谈由 20 个问题构成，这些问题涉及访谈对象的早期关系。成人依恋访谈由研究人员实施，随后访谈过程被逐字记录下来。通过访谈对象的回答，研究人员可以确定其依恋类型。成年人的依恋类型与婴幼儿的安全或不安全模式类似，分为"安全或自主型""不安全或回避型"和"不安全或焦虑型"。

研究人员发现，由成人依恋访谈确定的成人依恋类型与该成人"未来所生子女"的陌生情境实验结果之间的相关性高达 75%。也就是说，一个成年人可以在其子女出生之前，根据自己的成人依恋访谈结果预测子女的依恋模式。我惊诧得无言以对。成人依恋访谈所衡量的到底是什么呢？

那天晚上，朋友是这样讲的：成人依恋访谈所衡量并对之进行分类的，并不是我们童年时期发生的事情，而是内心中依恋的状态；是时至今日仍然活跃的对过去的体验，而不是过去本身，因为过去本身无疑已经离开了我们，至少从某个视角看已经离开了我们。

朋友继续说道，研究人员称，可以通过我们的语言（即通过我们讲述早期关系时的措辞）分析我们对爱的认识和感受。这些记忆中的往事塑造了我们在各种关系中，尤其在最为重要的依恋关系中的模式。我们遗传给子女的，与其说是行为，不如说是这种模式，所以能够产生上文所说的 75% 的相关性。

这番话让我豁然开朗。

我从禅修中学到了许多，如保持身体完全不动、怀着近乎虔诚的心打扫厕所、将内心视为烦恼和快乐的根源。经过多年的静修、集体生活和认真劳作，我的膝盖不再疼了，沮丧换来了心软，筋疲力尽换来了强健的体能，无望换来了月光下的祝福。这些体会让我知道，我的感受与经历无关，所以，如果说我对过去的认识与实际发生的事情无关，那么对我而言是完全讲得通的。换句话说，事实是一码事，对事实的感知是另一码事。

母乳喂养是一码事，母亲对母乳喂养的态度是另一码事。

有形世界是一码事，内心世界是另一码事。

发生在你身上的事情是一码事，你对这件事情的感受是另一码事，而你讲出来的又是完全不同的一码事。

提供信息是一码事，提供翔实的信息是另一码事。

后来我了解到，在一份成人依恋访谈记录中，左侧按"可能存在何种经历"对访谈对象讲述的往事进行编码，问题包括访谈对象的父母如何养育访谈对象，父母关爱、拒斥还是干涉访谈对象；同时，右侧按"思维的逻辑条理性"对访谈对象讲述的往事进行编码，问题包括不管访谈对象自称曾发生什么事情，该访谈对象提供信息的翔实程度如何。

成人依恋访谈的一个特点让人眼前一亮，那就是访谈记录的左右两侧内容之间没有必然的联系。只要访谈对象的思维具有逻辑条理性，那么即便该访谈对象自称曾遭受虐待，也可以为安全型；相反，如果访谈对象的逻辑思维让人难以听懂或者缺少细节（即该访谈对象提供的信息不翔实），那么即便该访谈对象自称童年生活幸福，也不是安全型。

访谈对象遗传给子女的正是其讲述往事的右侧部分，也就是其讲述往事时思维的逻辑条理性。其中影响最为持久的是对事件的"解读",即内心的体验。

那时,我认为这是希望所在。我从禅修中学到的另一件事是,如果说在这个世上我还有能力真正改变什么的话,那就是我的内心,只不过改变内心要付出巨大的努力。

朋友们走后不久,我就完全痴迷于依恋理论和陌生情境实验了。我开始像研读宗教经典一样研读科学文献,想要弄清楚一些人生在世的问题,如我对所爱之人为什么会这么刻薄?我出了什么问题?爱意味着什么?"我"又意味着什么?陌生情境实验到底能不能回答这些问题?20分钟的实验过程会出现某种神奇的结果吗?

我开始通过依恋视角来审视我的一生。我感到害怕,成人依恋访谈背后的理论困扰着我,我担心自己不美好的一面会传给阿嘉丽娅。因为我无法预见未来阿嘉丽娅踏入青春期时会发生何种改变;我无法预见在一个炎热的夏季她与小伙伴游泳后身心清爽地进入梦乡时,是否还会紧紧地抱着她的毛绒玩具兔子;我无法预见美味的墨西哥夹饼是否还会让她喜形于色,或者她穿着我的鞋在院子里玩时,是否还会乖乖地问"妈妈,你能不能不偷看我玩";我无法预见每天早晨她捏着一块油桃或打开一罐狗粮时,她的小手是否还会那么可爱。

那时我还不能理解,归根结底,我们之间的爱不是一种感受,也不是一个动作,而是一种品质,而且它会遗传下去,它不像一个姓氏,而更像一张面孔,虽然与生俱来,但会随时间而改变。

第五卷　陌生情境实验

STRANGE
SITUATION

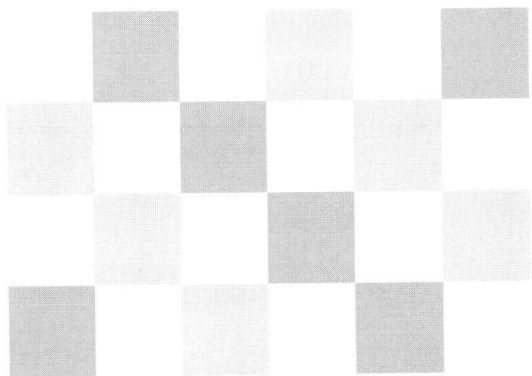

母亲须知

母亲带幼儿到达 ＿＿＿＿ 中心 ＿＿＿＿ 室后，须按以下注意事项完成实验。研究人员将与母亲在上述房间中沟通有关幼儿在陌生情境实验中表现的一切问题，母亲可以把衣物暂存在上述房间中。母亲和幼儿准备好后，研究人员将引领母亲和幼儿进入观察室，然后再进入实验室。母亲和幼儿应待在实验室中，直至第三观察阶段结束。然后，母亲应进入观察室，通过一面单向透视镜观察幼儿。

母亲在参加陌生情境实验期间，应特别注意做到以下一点：回应幼儿时，尽量做到与平时一样自然。前三个观察阶段中，除非研究人员提出要求，否则不要主动让幼儿玩玩具，但可以像在家里一样，自由地回应幼儿，如幼儿微笑时、幼儿靠近母亲时，等等。在实验室期间，如果母亲发现幼儿感到苦恼，可以像平时一样，自由地回应、安抚幼儿。研究人员希望观察幼儿对玩具和陌生情境的自发反应，因此，母亲不应吸引幼儿的注意力，从而产生干预。同时，母亲不应让幼儿感觉母亲的行为出现任何异常。

总之，母亲要掌握分寸，既要像平时一样，在幼儿需要时关心幼儿，又不得干涉幼儿的探索行为。

——玛丽·安斯沃斯等人，《依恋模式》

第 14 章

我第一次见到新学院（The New School）依恋研究中心联合主任霍华德·斯蒂尔（Howard Steele）博士时，是 2014 年夏天。那时阿嘉丽娅 8 岁，马上要升入二年级。她总是一边吃早餐，一边说笑，一边玩小马宝莉玩具。那个时期，她总会问我"你开心吗"，尤其是在一个早晨她接连碰洒三杯果汁后更喜欢问我这个问题。她看着我，目光敏锐，然后开始唱歌，"妈妈，你开心吗？伤心吗？生气吗？恼火吗？沮丧吗？失望吗？"无论我说什么都不重要，因为她知道，我气得要命。

在那之前，我曾写信给斯蒂尔博士，说自己正在写一本关于依恋理论的书，其实那时我不过是刚刚有了一个写作构思而已。我鼓起勇气问他，能否拜访他的实验室，观看一场陌生情境实验。他爽快地答应了。斯蒂尔和妻子米莉安·斯蒂尔（Miriam Steele）都曾与约翰·鲍尔比共事，他们被公认为依恋领域尤其是成人依恋领域的世界级专家。他们甚至还在鲍尔比举办的家庭庆祝酒会上见过玛丽，那是 1989 年的夏天，他们因独到的观点获得伦敦皇家精神病学院的嘉奖。

那场陌生情境实验是一个研究项目的依恋干预方案的一个环节，直至今天，陌生情境实验依然是各类依恋干预方案的一个重要环节。一般来说，一个研究项目开展之初，研究人员会通过陌生情境实验确定母婴之间依恋关系的基准线；然后，在接下来的几个月内，研究人员为母婴安排某种增进依恋关系的体验，如个体治疗或小组互助等；最后，研究人员再次为母婴做陌生情境实验，确定依恋干预方案是否奏效，从而推动母婴一点一点地向理想目标靠近，即在母婴关系中，母亲更为有效地发挥安全基地的功能。

电梯在六楼停住，我走出来，发现斯蒂尔博士已经在等我了。他戴着眼镜，一头卷发，脸上带着微笑。和我握手后，他看着我，目光如炬。他一开口打招呼，我就听出熟悉的加拿大口音。他带我穿过过道，来到一个房间，在单向透视镜的另一侧是另一个房间，里面有两把椅子和一些玩具。斯蒂尔博士向我介绍了两个年轻的研究生，他们负责开展这个研究项目，其中一人将扮演实验中的陌生人。这两个研究生看上去都很年轻，没有烦恼，当时我想，是什么原因促使他们研究依恋呢？

自从那晚从多伦多的朋友那里了解到成人依恋访谈后，我一直想要通过依恋理论视角审视自己的人生。那时我对依恋理论的理解还比较粗浅，一些事情讲得通，另一些事情还是一团迷雾。

那时我知道，针对依恋类型，65% 的人是安全型，也就是说其他人都是不安全型。我在想，65% 的人具备的哪些品质是其他人所不具备的？放眼看这个世界，不安全型依恋的人数本应该更多才对，毕竟，在我所认识的人中，每一个都存在自尊或自信问题。"安全感"似乎是一个谜。

此外，我还知道，安全型依恋的孩子在学校里表现更好、危险行为也比较少。全球范围首屈一指的依恋理论研究者、一个 40 年纵向研究项目合著者艾伦·苏劳菲（Alan Sroufe）写道，"个体的依恋经历与个体在青春期出现的一系列结果之间存在关联，其中，当涉及亲密和信任问题时，该关联尤为明显。"这么看来，我肯定是不安全型的典型代表。

同样，成年期不安全型依恋与一系列问题之间也存在关联，这些问题既包括睡眠障碍、抑郁、焦虑，又包括漠视道德、领导才能被埋没等。当然，依恋研究领域最主要的分支还是研究成年人在爱情中的依恋关系，如我们能否向爱人表达我们的需求、我们是否相信爱人能够满足这些需求。具有安全型依恋关系的自主型成年人更有可能在婚姻中感到满足、出现的矛盾更少并且对离婚更抗拒。

我年轻时的经历就像一个不安全型案例大全，但成年后，除了与母亲的关系不如意之外，生活已经有了彻底的改观。我的睡眠质量很好，社交活动较多，有时甚至会施展一下领导才能；此外，我有强烈而积极向上的宗教信仰和道德水准。不可否认，我的早期关系一塌糊涂，我隐隐地感到，出现这些问题可能是由于我受到了某种忽视甚至虐待，虽然我暂时还无法真正理解这些，但不管如何，现在我的婚姻幸福、美满。

那么，我的依恋模式到底是什么样的呢？

我开始按依恋模式梳理自己的生活，同时，我格外仔细地观察阿嘉丽娅的一举一动，寻找安全型或不安全型的迹象。在此过程中，我领悟到一个很基本的概念，也许这个概念太基本了，以至完全无法仔细研究，这就是心智化。

"心智化"是维多利亚时代的一个术语，指"个体所做的心理活动"。今天，研究人员将心智化定义为"个体理解他人行为和自身行为中所包含的思想、感情、意愿和欲望的能力……更简练的定义是，心智化是指个体观察自身的外在和他人的内在的过程。"这种能力产生于个体在婴儿期被敏感他人看到的经历。我们将敏感他人注视我们的目光心智化并反射回去，如此循环往复，在他人身上观察自身，在自身中观察他人，这种能力就是一份饱含关爱的关系给我们的馈赠。

当我们进行心智化时，我们就接受了一个前提，即我们具有心智，也就是说，我们不仅具有思想、感情，而且具有心智。这使我们进一步认识到，他人同样不仅具有思想、感情，而且具有心智。由此，我们和他人之间可以产生共情，我们也可以揣摩他人的视角。

鲍尔比认为，产生所有依恋行为的根本原因是婴幼儿无法处理自己的恐惧、悲伤、大小便、饥饿等，所以需要某个人代为处理。这一过程之初是"共同调节"，即亲子一起调节，指照料者通过关爱帮助婴幼儿处理其自身难以处理的感受。最后,在一场强有力的共同调节后,"个体自身成为安全策略的主要执行者"。也就是说,儿童在得到照料者的有效安抚后,最终习得如何自行安抚自己,而后又习得如何安抚他人,但在能够独立之前,我们要依赖他人,这个需求要得到满足。

这正是玛丽·安斯沃斯在乌干达看到的——频繁回到母亲身边的孩子更容易离开母亲展开探索。甚至连西尔斯博士也懂得这一点,他说,"研究表明,如果婴儿在出生后第一年内就能与母亲建立安全型依恋关系,那么以后与母亲分离时就更加耐受。"我第一次读《西尔斯亲密育儿百科》时,对这句话印象很深。这些孩子哭闹得最少,看上去最开心,在与母亲的关系中感到愉悦。

当阿嘉丽娅还是个婴儿的时候,我时常把她放到婴儿车里,带她出去溜达,以这种方式让她小睡。当我推着婴儿车走时,她就开始安静下来,这时我就会把婴儿车推到颠簸的路面上,随着婴儿车轻轻地颠簸,她很快就会睡着了。

她哭闹时,赛耶和我会把她抱在怀里,使劲儿地来回摇晃她,同时我们还会用力地拍她的屁股,手掌打在纸尿裤上扑扑地响,周围的人都受到了惊扰,但这种办法很管用。

那时,我认为自己很善于让婴儿安静下来,但也有做不到的时候。

那时,我回想自己婴儿时期的样子——既有留在心中的样子,也有那台1969年产的拍立得相机拍下的样子,不知道在我婴儿期时,母亲是否帮我调节过我自己。我记得阿嘉丽娅降生时,我忙手忙脚、不停地呵护她的小身体,我的母亲站在一旁说道,"我的老天爷!以前我带你们这几个孩子时可没这么麻烦。我只不过把你们抱到毯子上,再给你们几个玩具就可以了。"我觉得,母亲那样做不大可能增进我们的安全感,所以我想我很有可能是一个不安全型的婴儿,这对阿嘉丽娅可不好。

然而,阿嘉丽娅第一次去露营过夜时,她在日记中写道:"昨晚我想念我的床,还想念我的家。我想回家。我知道,虽然今天不太顺利,但是明天会好起来,也许今天下午就会好起来,那样我也许就不想回家了。"

这就是典型的心智化。阿嘉丽娅一直都能观察自己的心智,就像她在想家时所做的一样。因为她一直关注自己的感受,所以她渐渐地发觉,这些感受只是暂时的,它们是会变化的。在理解这一点后,当她陷入悲伤和孤独中时,会感到莫大的安慰。

我想,当年母亲把我抱到毯子上时,不会凝视我的眼睛使我产生心智化。那么,阿嘉丽娅是如何学到心智化这种能力的呢?她是被我养大的,我有时很凶、很迟钝,又是不安全型,但她却有能力观察自己的心理,这是怎么回事?难道依恋模式可以改变?难道成年后我的依恋模式改变了?也许是禅修带来的改变?也许是心理治疗带来的改变?是不是有一股神奇的力量保护着阿嘉丽娅,使她没有受到我这个不安全型母亲的影响?陌生情境这种人为编排出来的实验，与这个问题之间会有什么关联吗？

通过单向透视镜，我和斯蒂尔博士及其研究生看着寂静、空荡荡的实验室。我们马上就会看到一场由一对母婴参加的陌生情境实验，这场实验与其他陌生情境实验一样，分为8个观察阶段，大部分观察阶段持续约3分钟，期间实验参与人员会离开并返回实验室。整个实验过程持续约20分钟。

实验室中有两把椅子和一张小桌子，小桌子上摆放着一些杂志，与乌干达的诊所内陈设一样。此外，还有一些婴幼儿玩具，包括常见的积木、形状匹配盒、一个娃娃、鸡蛋盒。不一会儿，一个小男孩兴冲冲地走进实验室，他走得很快，眼睛很有神，后面跟着他的母亲，一个研究生带她走进实验室后很快就离开了。这位母亲按研究生的要求，径直走向一把椅子，坐下来，拿起一本杂志。这是第一观察阶段，时长约30秒。小男孩拿起形状匹配盒开始玩起来，他的小手拿着一颗星星，想要塞进星星形状的孔里，成功后高兴得大叫。"比一般的孩子更爱发出声音"斯蒂尔博士评论说。母婴独处是第二观察阶段。

在第三观察阶段中，研究生扮演陌生人，进入实验室，在小男孩的母亲身旁坐下来。小男孩抬起头，发出一声"啊哦"，但没有在意陌生人的存在。然后，陌生人问，"我能和你一起玩吗？你叫什么名字？"小男孩没有回答。斯蒂尔博士说："'陌生人'太爱攀谈了。"他解释说，他对陌生人的要求是，绝对不要干涉儿童。要让儿童尽可能自然地表现，但这个陌生人仿佛一个保姆，想要在小男孩的母亲离开前与小男孩建立友好的关系。

在第四观察阶段中，小男孩的母亲离开实验室，陌生人留在实验室，小男孩开始哭闹。陌生人对他说："妈妈会回来的。"过了一会儿，小男孩的母亲回来了，陌生人离开实验室。在第五观察阶段中，小男孩继续玩，斯蒂尔博士观察到，小男孩比母亲离开时"明显开心多了"。后来斯蒂尔博士告诉我，这是一个好现象，因为它表明小男孩能够有效地将母亲作为安全基地。

随着小男孩的母亲再次离开实验室，第六观察阶段开始，这次小男孩独自在实验室内。这个观察阶段最多可以持续 3 分钟，但如果儿童特别难过，则可以缩短至 20 秒内。因为小男孩哭得特别厉害，所以陌生人提前进入实验室，第七观察阶段开始，但陌生人的到来并没能安抚小男孩。后来我得知这也是一个好现象，因为根据依恋理论，儿童应当表现出其与母亲之间的关系有别于与其他人之间的关系，仿佛其与母亲之间存在特殊关系。此外，儿童不应当轻易被其他人干扰，而玛丽在乌干达研究过的双胞胎却恰恰相反，那对双胞胎似乎没有将母亲视为特殊他人。

通过这场陌生情境实验，这对母婴的情况看来不错。

小男孩在陌生人身边哭个不停，于是增援部队——母亲到场支援。

在第七观察阶段中，小男孩的母亲进入实验室，小男孩停止哭闹。看到小男孩的母亲微笑着弯下腰亲了小男孩一下，我终于松了一口气。我注意到，小男孩的母亲打了一个哈欠。我可以想象，这场实验让她感到身心疲惫；在我看来，母亲回到小男孩的身边后，小男孩似乎得到了安抚，他又可以继续玩了，这正是理想的结果——既能够探索，又能够在照料者的身边玩耍，这标志着健康的安全基地行为。

然而，我看到斯蒂尔博士还在仔细观察小男孩，而小男孩没有投入母亲的怀抱，也没有做出"亲近母亲"的表现，一点儿也没有。斯蒂尔博士的反应比小男孩的行为更让我警觉，于是，我开口问他从这对母子的行为中观察到了什么。这时小男孩的母亲已经继续看杂志了，而小男孩站在母亲面前一动不动，脸上流露出让人心碎、恍惚的神情。然后，小男孩开始围着母亲慢慢地走，表情木然，即便当他拿起玩具继续玩时，表情仍然是惨兮兮的。斯蒂尔博士指出，母亲回来后，虽然小男孩停止了哭闹，但他仍然很伤心。斯蒂尔博士补充说，"小男孩没有去找母亲，这一点让人不解。"他说，小男孩表现出"一些混乱型的迹象"。从斯蒂尔博士说话的神情中我可以感到，这一点对于这对母子而言不是好预兆。

这场陌生情境实验结束后，斯蒂尔博士请我到他的办公室坐一坐。我们面对面地坐下来，他向我介绍了一些研究报告并推荐我读一读；因为我曾说过自己正在写一本书，所以他又问了我写书的一些情况。因为那是我第一次观看陌生情境实验，注意力过于集中，所以实验结束时，我有些乏累，大脑中一片空白。我的脑海中又闪现出小男孩大哭，他的母亲走进实验室安抚他的场景，还有小男孩的母亲打哈欠的场景。我也感到有些困倦。我再次向斯蒂尔博士说，我想通过依恋来了解自己，而且我也会在书中写下这一点，但我意识到自己已经向斯蒂尔博士说过这些话了。我可以感到，自己的意识渐渐地离开了斯蒂尔博士、他的办公室和书架上的书。

"你知道吗？"他说，微微皱起眉头，"写这本书，可能会很难。"

"哦？"我一边回应，一边定睛看他，注意力突然回到现实中。

"当我们的依恋系统启动时，我们可能很难同时进行创作，所以，当你研究这个领域、你的依恋系统启动时，你可能很难发挥创造性。依恋的基本原理就是，要想去探索、进行创作，必须要有安全感。"

斯蒂尔博士的意思是，也许我的依恋系统过于亢奋，我无法做好必要的准备，从而无法钻研这个庞大而复杂的学术领域。我刚才的精神状态似乎证明了这一点。

斯蒂尔博士把我送到电梯口时，我清醒地知道自己的感受：他对我的直白预言让我感到心虚，他的关心让我感到高兴；同时，我的好奇心更强烈了。

第 15 章

　　美国国家心理学博物馆位于俄亥俄州阿克伦市。阿克伦市的几个商业步行区如今都已经失去了往日的繁华，在其中一个步行区的冷清的外沿上，矗立着一座现代风格的四层建筑，那就是美国国家心理学博物馆。在博物馆的大厅里及馆内其他所有区域，都展示着心理学领域最为著名的研究项目的照片和物品，包括斯坦利·米尔格莱姆所做的权威服从研究[①]和斯坦福监狱实验[②]，还有弗洛伊德的家庭电影[③]。参观者甚至可以躺在弗洛伊德用过的沙发上。

---

① 斯坦利·米尔格莱姆（Stanley Milgram，1933—1984），美国社会心理学家，因在耶鲁大学任教期间开展颇具争议的权威服从研究而出名。权威服从研究旨在衡量权威人士对测试对象下达违背测试对象个人良心的命令时，测试对象的服从程度。——译者注

② 斯坦福监狱实验为一项社会心理学实验，由美国斯坦福大学心理学教授菲利普·津巴多带领学生于 1971 年 8 月完成，该实验的目的在于研究权力对人类心理的影响，研究课题为监狱看守与囚犯之间的斗争。——译者注

③ 弗洛伊德的家庭电影指 1928 年至 1939 年间所拍摄的弗洛伊德的晚年家庭生活。——译者注

2015 年夏天，我住在一间租来的小屋里，用一周的时间每天早上走到公交车站，坐车去博物馆和档案馆，查阅那里收藏的玛丽·安斯沃斯的文件。从我见到斯蒂尔博士且平生第一次现场观看陌生情境试验起，时间已经过去两年了。那一周天气又潮又闷，但档案馆里却十分阴冷，所以我带了一件毛衣，又在租住的房子附近的一家熟食店胡乱买了些吃的作为午餐。想一想，要写的书迟迟没有动笔，要写的主题也没有真正了解，但依然只身来到这座质朴的小镇和付出这么多的辛苦，我感到自己有些可笑。但每天早晨，当管理员推着标有玛丽·安斯沃斯的小车来到我的书桌旁时，我知道，这个世上我最想去的地方莫过于此。

玛丽·丁斯莫尔·索尔特（Mary Dinsmore Salter）于 1913 年出生在俄亥俄州的格兰岱尔村。没过几年，她的两个妹妹也降生了。她将自己的家人描述为"紧密结合在一起……与其他家庭一样，既温暖又紧张且问题很多。"后来我发现，这是玛丽独创的临床口头禅。1918 年，玛丽一家搬到了加拿大的多伦多市。

虽然在生活上她主要由母亲照料，但她对父亲的感情更深。父母对三姐妹的期望值很高，期待她们能取得优异的学习成绩。玛丽没有辜负父母的期望，她 3 岁大时，就能坐在父亲的腿上，认出报纸上那些"弯弯曲曲"的字。后来，玛丽终其一生都在猜解规律模式。

玛丽一家的家庭爱好之一就是每周去逛图书馆，五张图书卡允许借多少书就借多少书。玛丽 15 岁时，就提前从高中毕业了。那一年，她借了一本书叫《性格的力量》(*Character and the Conduct of Life*)，这本书出版于 1927 年，作者是心理学家威廉·麦独孤[①]：

> 一个人要了解自己，就必须认真反思自己、反思他人并反思自己与他人之间的关系。反思自己就是自省，我们要窥探内心，寻找并观察自己的心理活动、内心的冲动、良知的运作、欲望的本质与方向，以及内心的畏缩、反感与憎恶；我们不仅要实事求是地认识这些问题，而且要评价这些问题，判断它们是善、是恶，还是无关紧要；我们还要探究这些问题是源自内心深处、是充斥于内心并反复发作，还是短暂偶发的。

玛丽说："我以前从未想过，一个人的感受和行为在一定程度上是由自身决定的，而并非完全听凭外部力量的摆布。"读完这本书后，玛丽决心做一个心理学家，将毕生精力用于"认真反思"并追随"内心的冲动"。

多年以后，玛丽在写到这本书对自己生活的影响时说，"它为我打开了崭新的视野"。

玛丽的父亲曾打算让她做一个速记员，然后安安稳稳地结婚，但玛丽一心追随自己的梦想，要成为一名心理学家。她提前从高中

[①] 威廉·麦独孤（William McDougall，1871—1938），20 世纪早期心理学家，其著作颇具影响力，对英语国家中本能论和社会心理学的发展起到了重要作用。——译者注

毕业并在 16 岁时考入多伦多大学，在大学期间，她"如饥似渴地学习各种知识"，慢慢地她感到，"心理学这门科学是大幅提升人类生活质量的基石"。她在多伦多见到了威廉·布拉茨①博士。当时，布拉茨博士提出"安全感理论"来说明儿童通过亲子关系来探索世界。这是玛丽第一次发现关于个体性格发展的理论，后来她写道，这"就是我一直翘首以盼的"。

在布拉茨博士的建议下，玛丽在他的研究结果的基础上进一步展开研究。她组织一组大学生及其父母参加了一次自述评估，通过评估亲子之间的安全基地行为来收集数据；然后，她通过这些学生在另一门课中提交的自传文章来检查并验证她对这些学生的行为的分类。她写道，"这些学生在两份量表上的得分规律一致，真让我吃惊。"

也就是说，早在玛丽读研究生时期、在她去乌干达之前很久，也是成人依恋访谈问世之前很久，她就已经发现，这些学生不假思索地讲述往事时的特点和正式评估结果之间存在明确的关系。个体讲述往事的方式和科学研究结果之间存在关联，这让她十分激动并受到启迪。后来，她将家庭访问时的自然观察结果与实验室中的陌生情境实验相结合，并将这种研究方法称为"交流"。

1939 年，加拿大对德国宣战，后来玛丽说，"每个人都不得不改

---

① 威廉·布拉茨（William Blatz，1895—1964），德国 - 加拿大籍发展心理学家，著作等身，因提出"安全感理论"而知名，该理论是依恋理论的前身。——译者注

变职业规划"。1942 年至 1946 年间，玛丽入伍，参加加拿大陆军女子队，任少校军衔，最终负责女性康复工作，期间她掌握了询问病史、检查诊断和诊治等方面的专业技能。

1943 年冬天，玛丽去英格兰执行任务，在那见到了英军中负责女性康复工作的伊迪斯·莫瑟尔（Edith Mercer），后来通过她了解到伦敦塔维斯托克诊所的招聘广告并见到了约翰·鲍尔比。

1946 年至 1950 年间，玛丽和布拉茨带领研究生团队设计安全感量表，其中一名研究人员就是兰恩·安斯沃斯，很快玛丽就嫁给了他。后来，她写道，"我和他在同一个系，他攻读博士学位，而我是系中的教职员工，我们感到诸多不便。"于是，当兰恩准备去伦敦继续攻读博士学位时，玛丽决定和他一起去伦敦，那时玛丽还没有找到任何工作，直到抵达伦敦后，才得到与鲍尔比共事的工作机会。

玛丽在这个时期的照片中看上去自信且从容，眼睛明亮有神。在一张照片中，她还穿着军装，我觉得她很美，不过我也可以想象得出，当时的人们会称她"英姿飒爽"。

认识玛丽的人有一个共识，那就是她勤奋好学，而且为人诚实，没有半点虚假，有人说，她曾把学生提出的想法写下来，这样以后就不会误把这些想法当作自己的想法。此外，她还非常友善、乐于助人，不过在有些方面，她也"很排斥别人"。"在与异性交往方面，玛丽·安斯沃斯对男性有好感，喜欢和男性相处，喜欢相貌出众的男性。"

然而，虽然玛丽在许多方面都是一位严肃的女权主义者，但是她似乎也感到，要抑制自己过盛的智力，使自己至少与异性保持和平。她是一个特立独行的人，但仍然逃不出时代的局限。她说自己上高中时，"为了和同学搞好关系，假装对学习没有热情"。

随着玛丽长大成人，时代也发生了巨变。她的女权主义行为之一是，有一次她在约翰斯·霍普金斯大学教职工餐厅，"穿着自己最好看的职业装，手腕上戴着玫瑰装饰花束"，独自静坐示威，以此来消除餐厅中的性别歧视状况。

美国心理学历史档案馆收藏的玛丽·安斯沃斯的档案大多为玛丽的信件，部分是工整的手写信，部分是机打信；一些信很长，玛丽的口吻很温馨，包含大量当时她的近况；另一些则很短，以公事为主。20 世纪 70 年代，她与约翰·鲍尔比已经成为好友，在写给他的信中，玛丽说自己很难戒烟、自己和母亲的健康状况及自己和丈夫离婚的事情，鲍尔比的回信也是类似的内容。这两个朋友商量着如何去看望彼此、争论作品的归属权、讲述阅读对方论文的心得。在一封信件中，玛丽详细地反馈了对鲍尔比所著的一本书的意见，其中有一条是，"你能认可'安全'和'安全感'这两个措辞，我感到很知足，因为我从 1936 年就开始使用这两个词了！"

此外，她还写信给依恋领域的其他研究者、学生、期刊编辑，提出自己的意见和建议，其中包含对复杂的学术文章所做的大量修改建议，这样的工作量对于今天惯于剪切、复制的我们而言，是闻所未闻的。她保留了自己的聘书，包括约翰斯·霍普金斯大学于

1961 年授予她的聘书，上面注明她的教学岗位年薪为 9500 美元。后来她了解到，这个金额比当时男性教授的年薪低了很多。为此，她找到系主任当面理论，使其纠正了这一错误做法。

我只能在档案馆待几天的时间，所以在那几天里，我几乎都在扫描玛丽的信件，然后存到硬盘中准备带回去研究，但我还是忍不住当场读了一些细节。

玛丽嫁给兰恩后，陪他去伦敦深造，而后不得已又陪他去乌干达工作，10 年后，他们的婚姻走到了尽头。1960 年，他们办理了离婚手续，这件事改变了玛丽的生活轨迹，她称之为"个人生活的大变故……导致我接受了 8 年的精神分析治疗"。后来，她写道，在精神分析治疗中，患者通过反思来时刻感知自己的心理状态，这种疗法可能是"对我的职业影响最大的积极因素"。1962 年 11 月 15 日，玛丽在写信给同事、同时也是她的朋友克里斯·海尼克（Chris Heinicke）时说：

向你简要介绍一下我的近况。1955 年秋天，我搬到巴尔的摩生活至今，从 1956 年春天开始，我在约翰斯·霍普金斯大学工作。我所在的系不大，很好……我获得为期 3 年的拨款以开展家庭功能研究项目，研究 1 岁前的婴儿与母亲互动的发展过程。眼下，我正在写一本有关非洲婴幼儿的书，书稿完成后就会立即展开研究工作。在个人生活上，过去的 7 年我过得并不如意。我和丈夫之间的矛盾日益加深，1960 年夏季我们的婚姻以失败告终。这场难关出现后，我的第一反应就是去接受精神分析治疗，我觉得，很久以前我就想接受精神分析治疗了。现在我的状态正在稳步好转。

有关兰恩的事玛丽讲得很少，而且乏善可陈。玛丽曾说，"这么说吧，我是他娶的'四任'妻子中的'第一任'。"玛丽的学生玛丽·梅因（Mary Main）也讲过一个故事：有一次，兰恩和玛丽正在与"一位举止十分得体的英国绅士"（即约翰·鲍尔比博士）进餐，但兰恩"突然莫名其妙地走掉了"，之后也没有回来继续就餐，这让"鲍尔比感到非常忧虑、苦恼，玛丽也感到极其尴尬"。

虽然离婚后的日子十分难熬，但玛丽对精神分析治疗抱有很大的热情。感知自己内心的苦涩并通过治疗这种新方法来了解自己，这种体验给她带来了愉悦。对她而言，治疗室似乎是一个避难所，在那她可以打消戒备并看清自己。梅因写道，"精神分析治疗仅仅开始几周后，玛丽就恢复了干劲儿，每天以极大的热情工作（直至晚上），将妨碍她工作的心事统统留给每天那一小时的治疗时间。"

梅因继续写道：

关于婴儿期，安斯沃斯强调，一个安全型婴儿一般会离开父母，在近距离内探索、玩耍，然后回到自己的安全基地（时常将自己的探索结果给父母看，或者与父母分享探索后的情感），然后再离开父母，然后再返回。这一特点也见于关系如意的成年人中，这样的伴侣会向对方倾诉白天的经历，包括快乐的事和不快乐的事，然后开始新的一天和短暂的离别。很明显，玛丽·安斯沃斯将精神分析师作为每日安全感的来源，和他倾诉自己日夜工作的经历后，就能立即充分享受工作带来的快乐。

那几年玛丽十分快乐。她的家在一座小山坡上，那是一幢维多利亚时期的房子，她只住一半，养了一只名叫"夫人"的猫。墙上挂着赫尔曼·马利尔的画作，其中有小舟在港湾停泊的风景，也有沙滩上海鸥觅食的风景，笔法抽象、优雅、大气，赫尔曼·马利尔是玛丽十分喜爱的画家。书房的门关着，里面堆着一摞一摞的书、卷宗、信件和其他文件。房子的其余空间很漂亮，用毛毯做装饰，椅子和沙发铺着舒适的蚕丝垫，用来接待研究生和同事，他们可以玩桥牌、在电视上观看网球比赛。每周有一两次的时间玛丽会用鸡肉做几道菜款待鲍勃·马尔文，马尔文是玛丽的学生，后来成为她的遗嘱执行人。他们一起喝波本威士忌、一起抽本森牌香烟、谈依恋的各类问题，一直谈到凌晨两点。"她谈起依恋，可以一天 24 小时不停。"鲍勃回忆道。在玩桥牌时，有时鲍勃出牌慢了，她就会大叫"快出牌，鲍勃"。

鲍勃在 1962 年见到玛丽，那时他还是约翰斯·霍普金斯大学的大二学生，听玛丽的《发展学理论》（Theories of Development）课。鲍勃对那段时光记忆犹新。

她提着公文包走进教室，那个公文包她用了几十年了，破得不像话，但它不可替代。她把包放在讲台上，拿出两三个牛皮纸袋，里面装着讲义、烟和烟灰缸。大家都看着她。这些动作已经成了她雷打不动的固定仪式，所以大家就这么看着她。可以看出来她很紧张，因为她刚刚点了一根烟，还没抽完就忘了，又点了第二根烟。有时，她会同时点三根烟。我听说，有一次她同时点了六根。

回忆那些日子时，鲍勃说，"人们一坐下来，就会把烟举起来。"大多数人都会把烟灰弹到地上，等抽完了再用脚把烟蒂踩灭，但玛丽可不是这样。无论走到哪，她都会随身带着一个铜烟灰缸。

鲍勃说，"她明显是一个优雅的女人。"

1963 年 7 月，玛丽已经完全适应了离婚后的生活与工作。她写信给鲍尔比说，自己从乌干达返回后，一直想要再开展一项关于母婴的纵向家庭研究，但这次的研究对象要选择巴尔的摩市工薪家庭和中产家庭。

我不由自主地开始思考依恋行为的具体问题，如依恋行为的行为模式是什么，这些行为模式的早期无差别化原型是什么，哪些情境可以引发这些行为模式，这些行为模式与婴儿的状态之间可能会有什么关联，与其他行为之间可能会有什么关联，与照料婴儿的方法之间又可能会有什么关联，成人对这些行为模式如何回应，可能会出现哪些互动链……以及如何观察才能得出上述问题的答案。

玛丽逐渐对这些问题的答案有了假设，为了予以验证，她想要再找一批研究对象，而这批研究对象要与第一批非洲研究对象形成强烈的反差。她想看看美国郊区的白人母婴在日常生活中的行为，所以，她没有搬到遥远的村落、先学习当地语言、再请部落酋长提供帮助，而是直接请当地的儿科医生帮她招募 26 个家庭，儿科医生们欣然同意了。这些医生诊治待产母亲时，会向她们介绍玛丽的项目，按照玛丽在乌干达时采用的介绍方式说，这个项目是研究婴儿成长规律的，请这些待产母亲考虑是否有意愿参加；医生们还补充说，这个项目的第一期工作已经在非洲完成了，因为医生们认为，这样说可能会鼓舞这些潜在研究对象。鲍勃·马尔义说，"没有人能回绝安斯沃斯博士，有两个原因：第一，她就是有那么一种气场；第二，她的口才很好，伶牙俐齿，巧舌如簧。"

然后，玛丽会给这些家庭打电话，一般都能说服他们同意。

玛丽甚至能在故去多年之后，把我这样的人说得恢复理智。

第 16 章

入选的婴儿长到 3 周大时，具有历史意义的"巴尔的摩研究项目"的观察工作就正式展开了。当时玛丽没有想到，正因为有了基于这些家庭的革命性的研究工作，才有了实验室中的陌生情境实验，进而有了我们今天所认识的依恋理论。

那是 1963 年，一年后，我的母亲坐在棕色圆沙发上，一边看着电视剧《综合医院》（*General Hospital*），一边为她的第一个孩子山姆拍嗝，她的头发高高地挽起，挽成一个大大的法式发髻，一绺绺烫过的卷发垂在耳边。那时，行为主义理论日趋衰落，而且威斯康星大学的哈利·哈洛①对猴子的研究工作取得了突破性成果，表明这种小型灵长目动物更依赖由毛巾包裹的铁丝做成的猴妈妈，而不依

---

① 哈利·哈洛（Harry Harlow，1905—1981），美国心理学家，因采用猕猴进行母婴分离实验、依赖需求实验和社会隔离实验而闻名，这些实验表明，照料与陪伴对儿童社交能力和认知能力的发展具有重要作用。——译者注

赖虽然能提供食物但仅由铁丝做成的猴妈妈①，由此，"有奶便是娘"的理论行将就木。此外，本杰明·斯波克（Benjamin Spock）博士通过其作品《婴幼儿保健常识》（*Baby and Child Care*）告诉广大的母亲们，"信任你自己和你的孩子"，后来，这本书成为 20 世纪大受欢迎的图书之一。

玛丽的观察团队除了她自己（在观察记录中称为 A 博士），还有3 名学生，这 3 名学生是芭芭拉·威蒂格（Barbara Wittig）、乔治·艾林（George Allyn）和鲍勃·马尔文。其中，威蒂格是玛丽早期所著多篇有较大影响的论文的合著作者，艾林是一位特别喜爱精神分析的青年。此外，玛丽还有一位研究生名叫西尔维娅·贝尔（Sylvia Bell），她虽然不是团队的正式成员，但也算是编外的第五位观察员，那时，她正在写关于客体永久性与依恋的论文，所以会不时地来与婴幼儿接触，而且她还帮助玛丽设计项目并为研究数据编码。从一开始，巴尔的摩研究项目就和玛丽在乌干达所做的研究工作一样，完全建立在好奇心之上。西尔维娅曾对我说，"那时我们就想知道，宝宝和母亲都在做什么。"

观察员们每 3 周去这 26 个受访家庭观察一次，直至这些孩子满一周岁，也就是说，观察员们大约要去每个家庭 18 次。一般情况下观察员在上午 9 点左右到达受访者的家中，下午 1 点离开，所以每

---

① 在该实验中，哈利·哈洛用铁丝做了两个假的猴妈妈，并给其中一个围上毛巾，给另一个装上带有食物的瓶子，经观察发现，幼猴更依赖有毛巾但没有食物的猴妈妈。——译者注

个家庭的观察时间共 72 个小时。每次 4 小时的观察结束后，观察员把自己的观察笔记念出来并进行录音。然后，一位行政助理将录音内容逐字逐句记录下来，然后再将这些内容整理为一篇记叙文，这篇记叙文的篇幅一般在 20 页以上，然后助理会把这篇记叙文交给 4 位训练有素的编码员予以编码，他们事先对 26 个家庭的情况一无所知。这 4 位编码员会对记叙文进行梳理，从中摘出依恋行为并汇总计数。

玛丽过世的那一年，她将这 26 个家庭的观察笔记交由哈佛大学一座研究型图书馆收藏。今天，我的书桌上就摆着厚厚的一摞这些观察笔记的复印件，共计 7744 页。

巴尔的摩研究项目的设计初衷是，由观察员们按照玛丽和齐布卡女士在乌干达的做法，"边参与边观察"，与受访家庭的成员谈心，了解他们，偶尔帮帮忙。玛丽说，"派人到受访者的家中待较长的一段时间，期间如果只是观察和记录，那么与受访家庭之间的关系可能会比较紧张。此外，那时我还想知道，婴幼儿会不会对我们笑……以及他们对我们的表现与对母亲的表现之间有什么异同。"虽然观察员们"尽量不插手受访家庭的家庭事务，既不提出建议，也不提出批评"，但是，与新生宝宝和新手妈妈同处一室，很难保持很远的距离。有一份观察笔记记载，A 博士曾把受访家庭的婴幼儿放在婴儿车里，带其出去走走，旁边还跟着这个家里的另一个孩子。毕竟，研究人员们确实想亲身了解婴幼儿的"可爱度"。

　　鲍勃·马尔文说，他和这些母亲之间相处很融洽。他到了受访者家里之后，M（即孩子的母亲）偶尔会为他倒一杯咖啡，但马上就继续做手中的家务了，如喂 B（即孩子）、给 B 洗澡、与 B 玩耍，有时只是把这些家务一带而过。鲍勃说，在他与他负责的 3 个家庭相处的过程中，感觉自己就像珍妮·古道尔（Jane Goodall）观察黑猩猩时的样子——只不过是一个研究人员站在门口，安静地看着母亲走入光线暗淡的婴儿房中抱起孩子，边观察边做记录。

　　西尔维娅说，观察者的职责是"注意每一件事情"，但鲍勃记得，观察员们要特别留心观察"关键情境"，也就是玛丽在乌干达所见的依恋行为出现的时候——母亲离开与返回的时候、孩子微笑与哭闹的时候以及孩子被抱起和放下的时候。为了使记录不间断，观察员们使用手表来提醒自己，每隔 5 分钟做一次记录，不过鲍勃说，很快他就不依赖手表而能够自己判断 5 分钟的间隔了。

　　阿嘉丽娅在婴儿时期醒得很早，然后时常又在上午 9 点睡去，所以，假如我也是巴尔的摩研究项目的受访母亲，那么我的观察员很有可能要错开 B 的小睡时间而来得更晚；当然，如果观察员想找时间和我坐下来聊聊 B，并且在十点一刻 B 醒来叫我时观察我的反应，并看着我走入婴儿房、冲 B 的"哭脸"微笑，然后把她抱起来喂她，那么早上 9 点就是他们来访的绝佳时机。也许观察员第 3 次或第 4 次来访时，正巧遇到我因前天夜里没有睡好或者当天白天压力较大对 B 发脾气，那样的话，在场的观察员就会连续不间断地每

5 分钟记录一次我和 B 之间的交流。

阿嘉丽娅 5 个月大时，赛耶和我坐在婴儿房外挂着幕帘的门廊处，按照我们最爱看的育儿书上的要求，拿着秒表记录每 5 分钟听到的声音，包括阿嘉丽娅每次抽鼻子的声音、每次发脾气的声音、每次号啕大哭的声音、每次"咩咩叫"的声音（针对每次她粗哑喊叫后小而焦虑的哭闹声我们所起的名字）以及每次一声不吭持续的时长。那时，我们要训练她睡觉。

当时我们没有意识到，我们所做的正是在"关键情境"中"边参与边观察"，"注意一切事情"。

书中建议我们设定一个时间，和小宝宝说晚安后离开，然后一直等到转天早晨再回去，我们照做了。书中还建议我们做记录，随手写下宝宝一声不吭的时长和不同类型的哭闹，现在看来，这种建议可能是模仿老式的做法，即在产妇临盆时，让爸爸去烧开水，这样他就会在主观上觉得自己能帮上忙，而在客观上又不会碍手碍脚。书中的建议确实让我们感觉做了一些实实在在的事情，但也许其真正的意义在于，在阿嘉丽娅号啕大哭时，我们感到与她之间产生了情感联结；对她的哭闹，我们不但没有忽视，反而无比敏感，而从依恋的视角看，这是一件好事。

毕竟，玛丽和西尔维娅后来发现：

哭闹是个体早期最为明显的依恋行为。婴幼儿微笑时，能让照料者感到满足，相比之下，哭闹会使照料者感到不快或受到惊吓，从而进行干预以使婴幼儿停止哭闹并不再哭闹。这就是哭闹的力量，它比个体早期发出的其他信号都更有效地促使照料者亲近婴幼儿。

书中在推荐这种睡眠训练方式时保证，如果时机正确、手法得当，只需要几天的时间，婴幼儿就学会安稳睡眠了，而且经过一整夜的安稳睡眠，他们会更快乐。

书中说的没错。

睡眠训练开始之前，虽然阿嘉丽娅在夜里可以睡不少时间，但总是时断时续，中间我要给她喂很多次奶。尽管我乐此不疲，但赛耶和我都认为，如果阿嘉丽娅能够踏踏实实地睡一夜，会对她更好，而且我也了解自己，第一次为人母会面临很多困难，如果不做好充足的准备，尤其是如果得不到充分的睡眠，是无法克服这些困难的。毕竟，当初我们离开禅院的原因之一就是我感到精疲力竭，而且我还知道，我的困难就是阿嘉丽娅的困难，与我相比，她更没有能力克服这些困难。

于是，2006 年 5 月 8 日晚上 6 点，我和赛耶为阿嘉丽娅换好了小纸尿裤，准时把小小的她放到了婴儿床里，那是她通常的睡觉时间。然后，我们坐在一起，手中拿着笔，全神贯注地听从漆黑的婴儿房里传出来的动静。

6：30　大声哭闹

6：35　中等咩咩叫

6：40　大声咩咩叫

6：45　中等哭闹

6：50　爸爸进屋，她安静下来，而后哭闹声加剧

6：55　中等哭闹、大声哭闹、中等时长的一声不吭

7：00　持续一声不吭

7：05　中等哭闹、长时间的一声不吭

7：10　一声不吭

7：15　大声哭闹、一声不吭、大声哭闹、中等哭闹

7：20　寂静

7：25　☺

7：28　大声哭闹

7：30—8：30　寂静

　　当晚剩余的时间里，情况也是这样，10：30醒来一次，"爸爸予以安抚但没有抱起来"，11：20抽泣一次，12：38喂奶一次（我记得，那时我们允许夜里喂奶一次），凌晨2：00再次醒来，然后"一直睡到早上7：30"。

　　第二天晚上6：45我们让阿嘉丽娅睡下，凌晨3：45她醒来，"妈妈喂奶到4：00……6：45醒来"。接下来几天的夜里，情况与此类似——完全没有咩咩叫，大部分时间里一声不吭。极少数"妈妈喂奶"的情况。然而在星期五，也就是第5天，晚上10：30左右，出现了"零星咩咩叫"和"些许抽泣"，还有我手写的一行字——"妈妈要疯了"。

　　虽然阿嘉丽娅渐渐地安静下来了，但她在经历痛苦的时候，我却坐在一边，记录她那稚嫩"歌声"的每一种变奏，这让我的心里

焦急难耐。当玛丽听到受访的婴幼儿哭闹时，她知道自己不能越俎代庖、替母亲冲过去抱起婴幼儿，所以我想，虽然她也感到焦急难耐，但为了大局、为了科学，她忍耐下来了。在此过程中，她发现一个奇特的规律，即安全型孩子的哭声中变式最多，他们用泾渭分明的不同声音向父母发出交流信号，而父母不管因为何种原因，都能够聆听并予以回应。

周二也就是第 9 天晚上 6：23，"很安静"，笔记底部还被我随手记了某个人的电话号码，一度神圣的日记已经沦为一张草稿纸。

有时，我翻出一张阿嘉丽娅那时的照片，回想起那时她的头发还很稀疏，牙齿还没有长出来，她微笑着，可爱的小手指还不协调，笨拙地抓着一个玩具；有时，我看到别人家的孩子坐在婴儿车里或者汽车安全座椅上系着安全带，"那么需要呵护"的样子，我一想起那几个夜晚阿嘉丽娅咩咩叫地哭，连她的连体裤都被眼泪浸湿了，就感到心情沉重。对于那时的做法，我在感到难以接受的同时，也感到欣慰。虽然那几个夜晚阿嘉丽娅流了很多眼泪，但我知道，如果她和我都感到精疲力竭，那么她会因为我的暴躁脾气而经历更多的痛苦。想到这里，我相信几个夜晚的泪水不算什么。

经过第一夜的睡眠训练之后，转天早晨我给母亲打电话，哭着说我伤害了阿嘉丽娅，她可能一辈子也恢复不了了。她安慰我说，这怎么可能呢？不要说 1 个晚上，就是 2 个、3 个、4 个甚至 5 个晚上都不可能。我问她，当初她是怎么做的——她是怎么安顿我、山姆和麦特睡觉的？她说自己忘了。"宝贝儿，那是很久以前的事了。"

她说。

多年以后，当再次回忆此事时，母亲突然想起来了。她听从斯波克博士的建议，让我们大哭 20 分钟，然后我们居然真的安稳入睡了。

第 17 章

我在阿克伦市的最后一天夜里，被一个婴儿的啼哭声惊醒。那几天我睡得很晚，躺在床上看材料、记笔记，空气很潮湿，几乎可以形成肉眼可见的雾气。我每天走路往返于去档案馆的公交车站，又热又乏，但为了来阿克伦，我已经事先筹划了几个月，所以决心在回卡兹奇山区之前，要充分利用这几天的时间。最终，在那个万籁俱寂的夏季夜晚，我还是睡着了，床上散乱地堆着学术文献、我的早期育儿日记和过去几天所做的笔记。

那天白天，我一直在扫描玛丽与西尔维娅之间的往来信件，并存到我的硬盘里。信中，她们对收集到的大量数据进行分析，想要找出这些母婴在日常生活中形成依恋关系的总体情况。

玛丽写道：

> 刚刚降生的婴儿与母亲或其他任何人之间没有依恋关系。我们可以把新生儿和母亲分离并把他交给养父母抚养而不会给新生儿造

成明显的痛苦或障碍。然而，在接下来的一年中，婴儿会与母亲形成依恋关系。这种依恋关系一旦形成，如果再将婴儿与母亲分离、打破母婴之间的纽带，那么婴儿会感到痛苦并予以抗拒。那么，这种依恋关系是如何形成的呢？哪些因素可以促使其形成？哪些因素可能会拖延甚至阻碍其形成？我们根据哪些标准判断母婴之间是否已经形成依恋关系？

如鲍尔比所说，"此后，这个婴儿的情感生活都将建立在这种依恋关系的基础之上。"

西尔维娅和玛丽在信中详细地讨论了婴幼儿的哭闹行为。她们在受访家庭中观察到，哭闹得最凶的婴幼儿，其母亲"回应"得较差；同时，"回应"得较差的母亲，其孩子哭闹得同样最凶。于是，她们想要寻找一种统计学分析方法支撑这一观察结果。其实，1955年玛丽在乌干达就已经注意到这个现象了，所以，在寻找线索的过程中，她们密切地记录着婴幼儿的哭闹和母亲的回应。最终她们发现，婴儿出生后 6 个月内，母亲对其哭闹的回应越敏感，那么接下来的 6 个月内，婴儿哭闹得越少。那些母亲时时处于被观察之中，这让我为她们感到紧张。同时，虽然这些研究人员自己没有子女，但他们凭借自己的聪明智慧，如此专注、专业并郑重地对待婴幼儿大哭小闹的行为，着实让我感动。他们由此发表的一篇文章与玛丽的其他所有研究工作一样，将照料者（那时多为女性）安抚（或不安抚）婴幼儿夜间哭闹的私人生活，转变为一个值得科学界去研究的课题。

因为哭闹这种人类行为与依恋息息相关，所以它显得尤为重要。正是因为这个原因，所以，当我想要反思自身依恋关系并以此为题进行创作时，斯蒂尔博士曾经向我指出过这样做的困难。换句话说，如玛丽所写，"一般而言，痛苦与探索无法同时存在。"

关于这些行为系统的运作原理，我认为玛丽的一个比喻很形象：一只小鸟正在吃食，这时突然出现一个人，小鸟受到惊吓，喙中还衔着食。它一边拍动翅膀，一边决定是继续吃食还是逃离，因为它体内的这两个基础系统不能同时运作。我们人类也一样，如果我们缺少安全感、惶惶不可终日，那么我们就无心开展创造性的活动。我想，如果玛丽能够做到创造性地研究安全机制的运作原理，那么她一定巩固了她的安全基地；同样，通过研究她的理论，我也巩固了我的安全基地。

西尔维娅和玛丽最终发表了文章《婴儿哭闹与母亲回应》（*Infant Crying and Maternal Responsiveness*）。她们要通过这篇文章纠正一种由行为主义理论传播的、已经根深蒂固的错误观念，即抱起哭闹的婴幼儿会"宠坏"他们。西尔维娅和玛丽从收集的数据得出了明显相反的结论，即当婴幼儿提出需求且父母与他们同频时，他们的哭闹会明显减少，这对于亲子双方而言都是好消息。同时，西尔维娅和玛丽从依恋视角描述了他们哭闹的行为具有人类进化意义。如鲍尔比所说，"婴幼儿能够哄骗并支使父母是大自然的用意，也是他们得以存活的福气。"确实，我们人类与其他灵长目动物不同，我们生来弱小，连抱住母亲的力量都没有，所以我们一生下来就有了任务，要诱导我们的父母抱着我们，但我们如何诱导父母呢？

玛丽和西尔维娅写道，"因为成人不喜欢婴幼儿哭闹……所以成人通常认为，婴幼儿应当改变哭闹这种行为。"鲍尔比也写道，"一般来说，婴幼儿哭闹时，母亲会采取行动予以制止。"

在阿克伦的最后一个夜晚，街道另一头的房子里传来婴儿的啼哭声，那哭声由弱变强，又由强变弱，令人揪心。我猛然惊醒，此前的思绪让我仿佛在梦中。我从床上坐起来，打开灯，看了一下时间，那是凌晨一点半。我拉开窗帘，看着窗外那片街道，家家户户早已熄了灯，无法确认啼哭声是从哪座房子里传出来的。我默默地等着婴儿止住哭声，但那哭声没有停止，我想用手堵住自己的耳朵，但做不到。

这个孩子是独自在家吗？也许她的父母正在另一间屋子里看新闻；也许她的哭声从远处听才那么让人揪心；也许这个孩子出现肠绞痛，而她的父母已经安抚她一整晚，现在累得睡过去了。也许她的父母喝多了酒，没了知觉？也许她的父母不愿意管？或者正在过性生活？他们到底在不在家？这个孩子病了吗？还是只是太害怕了？

婴儿的啼哭声反复变化，由痛苦转为愤怒，从粗哑喊叫转为声嘶力竭，只有在咳嗽时才会暂停片刻，至少听上去是这样。

也许，在那个温暖春天的几个夜晚，当赛耶和我训练阿嘉丽娅睡觉时，我们的邻居听到的正是这样的啼哭。我的小宝宝穿着纸尿裤，对着漆黑的深渊不住地哭喊，如果她可以喊出音节，她一定会呼唤我——妈妈!

听着街道另一头婴儿的啼哭,我慢慢地回忆起往日阿嘉丽娅啼哭时的一幕幕,那些时候,我因为太忙或过于焦虑,或者只是因为失去耐心而没有转过头去回应她。

那晚,我坐在床上,回想多年以来与阿嘉丽娅的种种经历,心头袭来阵阵惶恐,我问自己:当一个婴幼儿感到伤心又无法向人倾诉时,该如何"化解"自己的痛苦呢?

这时,我听到房间外的过道里有脚步声,那是我的房东卡迪,显然她也被吵醒了。我还在怀疑自己是否在梦中,所以打开房门,走向过道。我看见卡迪站在过道里,身后的房门开着。我问她是否需要报警,但她只是穿上鞋,走出屋外,去敲那家的房门!没有人开门,于是她报了警,警察没有出警。

那个婴儿不再哭了。我上床继续睡觉,但心里想念女儿,不能自已。我希望没有我陪伴的时候,她也能安然入睡,但也不能太安然!当我打开房门时,她会不会寻求亲近,跑过来抱我,并告诉我那几天她都在做什么呢?她会不会连头也不抬继续看书,对我离开她几天感到有些气恼,甚至非常气恼呢?

第二天早晨,我收拾好东西,房东卡迪开车送我到机场。一路上我们谈着前一天晚上那件让人既揪心又伤感的事情,我们只是因为天光大亮心情才得以好转。她也向我讲了一些自己的身世——她是一位单身母亲,做护士工作,儿女已经长大。然后她问我这一周过得如何，要办的事办完了吗。

我说，现在还说不好，但我的心头已经感到了一些温暖。

我想说的是，我感到心与心的距离缩短了，心头的积雪开始融化了。

经过一整天的奔波，我终于到家了，阿嘉丽娅站在饭厅的餐桌旁，面前堆着几个芭比娃娃，她正在给娃娃们换衣服，有两个娃娃坐在雪佛兰科尔维特跑车模型里。她抬起头说："嗨，妈妈！"

第18章

在巴尔的摩研究项目中，第18号案例家庭的成员与玛丽的情感交流较多，他们甚至想要修改遗嘱并把玛丽写入遗嘱中，允许她去殡仪馆瞻仰遗容并协助"善后"，就像在乌干达，保罗的家人请求玛丽把他们的儿子保罗一同带回美国。玛丽在笔记中写道，"此举让我感动，虽然我不太想承担这个责任，但我感到难以推辞。"

起初，这个家庭抱有抵触情绪，不愿接受研究。孩子的母亲是一位教师，接受过心理治疗，准备返回工作岗位。这让玛丽很感兴趣，她想了解母亲上班后，亲子依恋关系会如何变化，而这个母亲担心玛丽不愿意与保姆交流，还担心保姆也不愿意与玛丽交流，但后来她发现，这种担心是多余的。玛丽非常愿意与保姆特丽莎聊天，而特丽莎也非常愿意和玛丽聊天。玛丽写道，

特丽莎真是一位难得的保姆。她人到中年，6个子女都已经长大成人，而且她已经做了奶奶……她能像母亲一样呵护孩子，这让我

很高兴……母亲不在家时，特丽莎肯定不会对孩子照顾不周，恰恰相反，孩子每次耍小脾气时，她都会回应……她提供的孩子的信息很翔实，而且脱口而出……母亲能够找到特丽莎这样的保姆，确实幸运，但说起来，又何止是幸运呢？特丽莎是这个母亲寻觅的不二人选，她一见到特丽莎，就看出她是自己要找的保姆。

玛丽发现，根据加拿大当代心理学家戈登·诺伊费尔德（Gordon Neufeld）提出的"依恋村"（attachment village）概念，特丽莎不但没有削弱这个家庭中的依恋村，反而增强了它。

孩子和特丽莎在一起时非常满足，将她作为一个安全基地……在母亲和特丽莎之间，孩子更依恋母亲，我想对于这一点，没有多少异议，但孩子很有可能对二者都产生了依恋，而且对父亲也产生了依恋。

玛丽发现，母亲恢复上班后，没有对孩子产生丝毫的负面影响。多年以后，也就是1983年，玛丽写道，"我想要谈谈我的研究结论与妇女运动之间的关系。一些人认为，我的研究结论有悖于妇女解放运动的精神……他们认为，我想要母亲在孩子婴幼儿时期做全职母亲……（但）我要声明，有不少母亲已经找到了圆满的解决办法，能够在自己离开孩子时解决照料孩子的问题。"我相信，第18号案例中的因素就是那些少数母亲之一。

第18号案例中的母亲不愿接受研究的另一个原因是，她与我的母亲一样，想要母乳喂养孩子，不过当时这种做法还不普遍，而且她也不愿在外人的面前给孩子哺乳。此外还有一个原因，孩子的父亲也不愿意接受研究。后来玛丽得知，许多年前，孩子的父亲曾经听过玛丽讲课，所以自认为是专家。在这些因素的共同作用下，这个家庭觉得还是不参加这个项目为好。于是，玛丽和乔治在孩子出生前拜访了这个家庭，想要改变他们的决定。

那次访问的气氛很紧张，虽然在一些方面较为愉快，但我们都绷紧了神经……我和乔治一不留神就会陷入被动。例如，我们一提到孩子的母亲，他们就咬住不放，"啊哈！原来你们不只是要研究孩子。你们还要研究孩子的母亲！"

当然，他们没有说错。经过反复交流，孩子的母亲同意接受研究，但条件是安斯沃斯博士要担任家庭观察员。孩子降生后，玛丽给这位母亲送去了鲜花和一张祝愿卡。

从一开始，玛丽和这位母亲就建立了深厚的情感联结，在后来的20次家庭访问中，这种情感联结逐渐发展为友情。在第一次家访中，安斯沃斯博士主要记录了她观察的内容，但同时，还在自己的见解中融入了这位母亲的反思。

孩子降生前，我觉得这位母亲很焦躁，害怕孩子的到来……他们甚至都没讨论过给孩子取什么名字。她拒绝为孩子的到来做任何准备……但现在孩子出生了，她的热情似乎已经被充分调动起来了。她开始理解孩子发出的信号，并由衷地想要以妥当的方式予以回应。她温文尔雅，在照料孩子时非常温柔，动作缓和，没有出现紧张尴尬的情况，这让人感到意外……她说，孩子因想要吃奶而哭闹时，她的乳房就会开始分泌乳汁，弄得衣服上斑斑点点的。

在第一次家访中，这位母亲还向安斯沃斯博士讲述了自己的心理治疗经历，以及她为什么在惶恐过后决定接受研究。

在家访结束时，这位母亲对我说，她之所以决定接受研究，是被我写给她的第二封信打动了。她的意思是，她感到，我把她当作一个活生生、有情感的人看待。我确实是这么看待她的。

随着双方关系的发展，安斯沃斯博士逐渐对这位母亲产生了尊敬之情。从大概第 12 次家访开始，安斯沃斯博士记录了孩子对她这个陌生人的回应方式——孩子看她时，露出笑脸、玩耍、大笑并接受了她给的一块饼干。第 17 次家访后，她写道，"我认为，对于孩子而言，我不再是一个陌生人了。"从第 7 次家访开始，玛丽偶尔会留下来吃晚饭并喝点酒。他们的晚饭包括牛排、桃肉调味饭、沙拉，席间，她会和孩子的父母进行一场"学术性的谈话"。

从第 15 次家访笔记开始，安斯沃斯博士写道：

孩子的父母一定能够看出，来他们家里访问让我感到很快乐，而且我对他们两人都有好感，也喜欢他们的孩子，他们非常关心孩子的成长，这也让我很高兴。他们两个人总是让我感到宾至如归，孩子的母亲再一次对我说，她希望这一年的研究结束后，我们能够继续保持现有的联系。我当然希望如此，但我知道这样做有难度。

巴尔的摩研究项目可谓前无古人、后无来者。其他母婴研究项目的做法是收集数据点，但巴尔的摩研究项目可不是这样。玛丽要带领团队成员与研究对象形成非常真实的关系，同时分析他们在"关键情境"中注意到的"关系事件"。例如，其他母婴研究项目会对第 18 号案例中母亲的微笑次数和孩子的哭闹次数进行统计汇总，但玛丽和团队成员要一连 4 小时观察母婴二元关系这个"整体"本能的相互呼唤与回应，仿佛小鸟们在日落时分站在树杈间向彼此鸣叫。

孩子的母亲说"要做一块肉糕"，说着就离开了屋子。她走后，孩子就安静下来，仰卧着，手指伸进嘴里，发出轻微的咿呀声。面对母亲再一次离开，孩子依然没有抗拒，而且目光依然没有追随母亲的身影，母亲不在身边时，孩子安静了下来了。母亲在厨房里做饭，传来锅碗瓢盆的声音，孩子听到后更安静了，边听边向母亲所在的方向张望。然后，孩子又开始发出"呀呀呀呀呀"的声音。

这样的研究项目需要大量的时间和资金，而且困难重重，这也正是该项目后无来者的原因。《依恋模式：陌生情境的心理学研究》（*Patterns of Attachment: A Psychological Study of the Strange Situation*）这部开山之作的 2015 版序言中说，"巴尔的摩研究项目对研究人员的能力要求较高，所以难以扩大样本规模。"幸运的是，后人不需要再做这样的研究了，因为巴尔的摩项目已经从受访家庭中收集了极其丰富的数据，直至今天，这些数据依然十分有效。该项目共产生

1872 个小时母婴生活的观察时长，形成 7744 页观察笔记，包含母婴之间几百万次细微的社交呼应行为，所有数据经过巧妙的构思，被提炼成一场 20 分钟的实验，仿佛一台 X 光检查仪，揭示出未来我们的各类关系的"骨架"。

　　玛丽回到约翰斯·霍普金斯大学的办公室，开始检查各个观察员在婴儿出生后第一年内所做的家访记录，记录写在透明纸上，足足有好几摞。大多数受访婴幼儿在家里的依恋行为与乌干达婴幼儿的依恋行为完全一致——他们哭闹的方式、抱住母亲的方式、攀爬的方式都是一致的。我能想象，当玛丽发现这一点时是多么欣喜。她的梦想已经实现，她在世界范围能找到的差别最大的两批样本已经证明：第一，婴幼儿想要与母亲保持亲近；第二，婴幼儿会不顾一切地让母亲注意自己。这就是人类——得不到亲近，就绝不罢休。

　　然而，有一件事让她感到困惑。虽然美国的婴幼儿的确将母亲作为安全基地，但美国婴幼儿的行为与乌干达婴幼儿的行为相比，"不那么明显"。玛丽在翻阅观察笔记和编码结果时，可以看出婴幼儿回到母亲身边的规律，但这个规律不如她在乌干达所发现的规律明显。

　　玛丽认为，导致这种差别的一个原因是乌干达婴幼儿习惯于时刻待在母亲身边，而且与美国婴幼儿相比，他们不太习惯有陌生人在身边，尤其不习惯有像她这样一位吓人的"欧洲"陌生人在身边，所以，当玛丽在乌干达婴幼儿身边时，乌干达婴幼儿的依恋系统会经受更大的压力，其表现比美国婴幼儿更加明显，所以她更容易观察到。

"好吧，"后来玛丽在一次访谈中说道，"母婴在家中的安全基地行为不明显，并不代表他们没有安全基地行为……如果我能把母婴请到大学校园里来，也许我们可以看到婴幼儿如何借助母亲去探索。"

在给鲍尔比的一封信中，玛丽写道：

我一直在思考如何设计出一种小型情境实验，从中也许能够得出漂亮且可控的量化数据，同时带有科学严谨性。

鲍尔比回信说：

可惜我们没有闲暇时间来谈这个问题！总体上，我真心赞同你的思路。预先设计好关键情境，然后研究婴儿在这些关键情境中的反应，应该极有前景。

于是，1964 年，玛丽开始邀请母婴来约翰斯·霍普金斯大学的实验室，观察他们在陌生的环境中会作何反应。玛丽通常会在第 18 次与第 20 次家访之间安排母婴来实验室。在玛丽之前，也有人设计过类似的情境实验，所以在研究中加入"陌生元素"的做法并非如鲍勃所说，是"全新的"想法。然而，这种"小型情境实验"是玛丽花费一年时间投身于母婴之间、观察母婴实际行为后才设计出来的，这才是今天陌生情境实验得以成为强大工具的真正原因。

玛丽是这样描述的：

当时我想，那我们就把每个环节都想好，我们让母婴处于一个陌生的环境中，同时准备很多玩具吸引孩子、让孩子去探索。然后在母亲在场时，让一个陌生人出现，观察孩子如何反应。然后我们安排一个母婴分离情境，让母亲离开房间，让孩子与陌生人待在一起，观察母亲离开时孩子如何反应。稍后母亲返回并与孩子团聚时，再观察孩子如何反应。另外，既然母亲第一次离开房间时，陌生人仍然待在房间里，那么也许我们应该再设计一个情境，让母亲离开时孩子独自待在房间里，这样如果孩子感到紧张，那么我们可以观察当陌生人返回时，孩子的紧张情绪是否会缓解。最后，让母婴再次团聚。我们用半个小时设计出了这个实验。

鲍勃·马尔文回忆说，"我们后来才想到这个点子。设计陌生情境实验是后来才有的想法。"

总体而言，婴幼儿在陌生情境实验中的表现与玛丽预想的一致。毕竟，到第20次家访时，她对婴幼儿已经非常了解了，因为她要么自身是观察员，要么已经读了其他观察员所做的详细观察笔记。

母亲在周围时，孩子会玩玩具，但当陌生人出现时，孩子玩玩具的行为就会有所减少。母亲第一次离开房间时，只有49%的孩子会哭，其中20%的孩子会立即哭闹。一些孩子在陌生人的"诱导"下，会继续玩玩具，而当母亲返回时，大多数孩子会做出各种依恋行为，包括冲母亲微笑、伸出手够母亲或靠近母亲。第一次与母亲团聚时，有一半的孩子想要与母亲进行身体接触，几乎所有母亲都在 15 秒内与孩子进行了身体接触。

母亲第二次离开并留下孩子独自在房间里时，大多数孩子都出现哭闹行为。陌生人在 3 分钟内回到房间后，通常难以安抚孩子。母亲第二次回到房间时，与母亲进行身体接触的孩子的人数比母婴第一次团聚时多了一倍以上，而且 47% 的孩子对母亲表现出某种形式的回避，不过非常不明显，本身不足以让这些孩子的依恋类型被划归为"回避型"。

一开始，玛丽·安斯沃斯想通过这个"后来才有的想法"来检查并巩固家访产生的丰富数据——数千页的笔记详细记载了母亲抱起孩子、孩子哭闹、母亲给孩子喂奶、母亲给孩子洗澡、母亲离开并回到孩子身边等行为。然而，让人意想不到的是，陌生情境实验不但形式简洁，而且高度概括了玛丽团队所收集的数千小时的观察数据，成为一个用时 20 分钟、X 光检查仪似的心理学工具，于是很快就成为倍受追捧之物直至今天，这让玛丽感到哭笑不得。一些人提出了批评，认为该实验是"人为设计"的情境而非真实发生的情境，所以无法判断亲子关系这类复杂而重要的问题，但依恋研究者杰依·贝尔斯基（Jay Belsky）予以反驳，他说，跑步机也是"人为设计的"，但它仍然可以揭示个体心脏的内在运转状况。

第 19 章

随着我对玛丽和陌生情境实验的了解越深入，我越认识到自己还有很多欠缺。每次观看一场陌生情境实验或阅读相关文献，我总会在细微之处发现新的信息。我知道，要真正领会玛丽的神来之笔，就要正式地学习。

我从阿克伦返回后的那个夏天，又出发去了明尼阿波利斯市，见到了艾伦·苏劳菲博士。苏劳菲博士是明尼苏达州风险与适应纵向研究（Minnesota Longitudinal Study of Risk and Adaptation）项目报告的合著者，这是一项大型依恋研究项目，起始于 1975 年。在过去的 45 年间，在苏劳菲博士的培养下，大量研究人员、研究生和临床医生掌握了扎实的技能，能够为世界各地的研究项目的陌生情境实验编码。先前我曾写信给他，向他介绍我的写书计划，并提出想要参加他一年一度的依恋研究者培训课程。他欣然同意了。

苏劳菲博士为人友善、热情，像牧师一样热忱。他经常将玛丽·安斯沃斯称为天才，说她令人赞叹并乐于助人。他数十年如一日，为我们这样一批又一批的学员一分钟一分钟地讲解陌生情境实验的整个过程。时至今日，他讲起课来眼神中仍然闪烁着光芒，仿佛目睹了神奇的力量。与我同组的学员来自很多国家，包括意大利、秘鲁、新西兰、墨西哥、以色列、日本和赞比亚。能够成为苏劳菲博士的"信众"中的一员，我感到特别激动，每天很早就来到教室，坐在前排，赞美他的"教义"。每天我都能学到新的知识，每天都感到未来更加光明。

场景已经布置妥当。一个房间里有两把椅子，地板上有一些玩具。1 岁大的幼儿和母亲进入房间，陌生情境实验开始。我们很快就可以确定幼儿的性格基准线。例如，幼儿是否好动，从房间的一端跑向另一端；是否有较强烈的好奇心，专心地探索并把每块积木都放到嘴里；是否内向，攥着一个上弦的玩具走神。母亲可以坐下，甚至看杂志，但不要干涉幼儿，让幼儿自然而然地想做什么就做什么。然后，一个陌生人进入房间，这时要观察幼儿的反应——他对陌生人是感到害怕、漠不关心，还是感兴趣？这一点表明幼儿与他人之间的总体关系模式，相比之下，幼儿与母亲之间应当是一种特殊关系，对比这两种关系模式，我们就可以发现幼儿与他们之间关系的"差别性"。

接下来，母亲要离开房间，但她会把手提包留在椅子上，表明她会回到房间里。这时，我们可以看到母亲离开后幼儿的反应——幼儿是大声喊叫并跑向屋门，还是待在原地，继续坐在玩具堆里。

如果幼儿表现出苦恼，那么陌生人可以安抚他，否则陌生人要让幼儿继续探索。

几分钟后（如果幼儿表现得极其苦恼，那么可以缩短此间隔），母亲回到房间里，母婴第一次团聚。由于人类的行为系统逐渐进化，使幼儿要亲近照料者、远离伤害，所以所有婴幼儿在离开照料者后都会感到紧张。事实上，婴幼儿的心跳数据和皮质醇水平表明，即便他们看上去不苦恼，但实际上也是苦恼的；他们表面上很镇定，但内心在压抑自己的感受，所以，当母亲回到房间里时，研究人员要观察，母亲的出现是否产生了应有的效果，即给幼儿带来安慰。母婴团聚是否达到了目标，即让幼儿从相对焦虑的状态调整为相对轻松的状态？也就是说，幼儿是否得到了母亲的安慰？

如果幼儿在母婴分离时感到苦恼，但在母亲返回后坐着不动，仿佛一个石像，那么这可能表明这对母婴属于不安全型依恋关系。如果幼儿离开母亲后表现放松，而与母亲团聚后表现得不知所措，那么幼儿的反应没有显著的意义。如果幼儿立即向母亲跑去，但半路又戛然而止，则表明幼儿的态度有所转变，这是一个值得担心的表现。

然而，最重要的时刻是母婴第二次团聚，即母亲第二次离开后再次返回的时候。如果幼儿在母婴分离时表现出苦恼，而在母亲返回时仍然没有做出任何反应，那么这明确表明这个幼儿虽然只有1岁大，但是已经能预料到自己对母亲的亲近行为会被拒绝。如果幼儿伸出手寻求安慰，却无法安静下来接受安慰，或者母亲没有给予安慰，那么这很可能反映出这对母婴属于不安全型依恋关系，而且母婴交流中存在混乱的信息。如果幼儿因为难过而大发脾气，然后一头扎入母亲的怀抱并立即停止哭闹，那么该幼儿属于安全型，在这对母婴关系中，幼儿可以预料到自己的需求会得到满足。如果幼儿性情温和、行为中隐含的意义较为微妙，在母婴分离时只是表现出难过、在母婴团聚时亲近母亲，那么该幼儿和前一类幼儿的依恋模式一样。对于这两类幼儿，母婴关系都发挥了应有的作用。

分离、联结，再次分离，再次联结。

在学习之初，我虽然看出了很多门道，但是仍然搞不清楚应当着重观察哪些细节，而且总在琢磨自己对现场的反应。爱耍脾气的幼儿的依恋类型一定属于不安全型吗？强健、随和的幼儿一定属于安全型吗？不一定。依恋模式和个体性格无关。一个孩子虽然爱哭爱闹，但在母亲返回身边后能够得到安抚，那么这个孩子就属于安全型依恋；相反，一个孩子虽然表现得焦躁，但知道如何尽力争取安全和"心与心的触碰"，那么这也是一个好现象。正因为这些原因，陌生情境实验才如此有效，它能够排除其他一切因素的干扰而只突出母婴关系的实质。安斯沃斯确实是一个天才。

后来我知道，应当观察哪些细微之处。我能够注意到幼儿短暂瞥一眼的行为并将这一行为与他的其他行为联系起来。我还知道，母亲回到幼儿身边时，依赖地抱住母亲的腿以示欢迎的行为，与无力地向母亲寻求身体接触的行为之间的区别，以及这两种行为各自的意义。我开始思考，幼儿伸出手要求被抱，但被抱起来后为何又踢着腿、想要挣脱母亲的怀抱。同时，一些"乖孩子"不在意他们的保护者——母亲——的来来去去，而只是坐着、在地板上把玩具推来推去，这种行为开始让我感到担心。我逐渐认识到，如果幼儿没有借助母亲来安抚自己，那么随着他们步入青春期和成年期，就会出现问题。

当玛丽发现研究中的美国婴幼儿在陌生情境实验中的表现与乌干达婴幼儿在家中的表现一样并确实将母亲作为安全基地时，她本可以就此结束陌生情境实验的研究工作，本可以说，"好，这个安全基地的想法是成立的，那么我们就到此为止吧。"然而，正如一位学者所说，不同婴幼儿在陌生情境实验中的反应之间存在悬殊的差别，于是，研究人员仿佛又剥开了另一层洋葱皮，开始探究母婴关系的另一个层面。

玛丽和同事们观察幼儿在陌生情境实验中的表现后，按 ABC 将每个幼儿的个体差别进行分类。今天，世界各地仍然沿用这个方法对婴幼儿的依恋关系进行分类：A 表示不安全回避型；B 表示安全型；C 表示不安全抗拒型或不安全矛盾型。现在，这些分类方法已经完全融入我们对依恋关系的认识中，同时也构成了"依恋模式"理论的基础。

今天，虽然研究结果随研究项目的不同而略有差异，但总体上，在依恋领域，人们普遍认为，全世界安全型婴幼儿所占比例约为65%。这个比例与玛丽在乌干达和巴尔的摩所做的小规模实验结果之间并无很大差距。无论在家还是在陌生情境实验室，B 型婴幼儿在母亲离开房间后，表现出的苦恼比 A 型婴幼儿和 C 型婴幼儿都少很多；同时，C 型婴幼儿在母亲离开房间后，表现出的苦恼最多。B 型婴幼儿在家里被母亲抱着时，回应方式最为积极，而且在陌生情境实验中更愿意与母亲进行身体接触和互动。A 型（回避型）婴幼儿在母婴分离时表现出的焦躁最少，而且不愿意与母亲进行身体接触。C 型（抗拒型）婴幼儿在母婴分离时表现出烦躁，而在母婴团聚时表现出愤怒。

在过去 60 年间，数万项研究均表明，我们在陌生情境实验中得到的 ABC 分类结果将在我们的后半生中保持基本稳定，但假如出现变化，大多是因为我们遇到了负面经历；此外，我们得到的分类结果基本上与我们生活的每一个方面都息息相关，包括我们成年后面对各种关系中的悲欢离合所采取的处理方式。通过陌生情境实验中浓缩的智慧，我们看到，早期玛丽带领团队在约翰斯·霍普金斯大学实验室中发现的是三种普适的 ABC 依恋模式，在我们降生后的第一年内，其中一种模式就已经深深地融入我们每个人的灵魂深处，从而影响我们如何认识自己与他人之间的关系以及我们如何对待他人——是充满自信、感到愤怒，还是缺少信任。可以说，陌生情境实验向我们揭示出 1 岁大的幼儿眼中的世界。

1983 年，玛丽写信给一位同事时说道，"现在应该可以肯定地说，亲子依恋的早期模式与后期个体发展的诸多方面之间存在连贯性、一致性、可预测性或其他类似描述。"

如果借用玛丽的措辞，我们可以说依恋是"一种强健的力量"。

因为 B 型（即安全型）婴幼儿是最可预测的，也是占比最多的，所以也是最容易辨别的。许多婴幼儿在母婴分离时会哭闹，在母婴团聚时又能够被母亲安抚，这与乌干达的安全型婴幼儿的表现一样。如果婴幼儿在母婴分离时没有哭闹，但在母婴团聚时会高兴地欢迎母亲，热情地向母亲发起互动，那么这些婴幼儿也属于安全型。因为玛丽掌握了这些婴幼儿的家庭表现数据，而且持续地将这些数据与陌生情境实验中的数据进行对比，所以她能够发现，安全型婴幼儿在家里哭闹得最少，即便是那些曾在实验中号啕大哭的安全型婴幼儿也是这样，而且在正常的母婴分离情况下，如母亲去洗手间、照顾其他孩子或者为观察员倒水时，安全型婴幼儿的反应也是最平和的。

然而，有的婴幼儿在陌生情境实验中的表现就不那么容易预测了，这类婴幼儿让玛丽颇费了些心思。这类婴幼儿中，有些人在母婴分离时完全崩溃了，而且在母婴团聚时继续哭闹、耍脾气、踢腿并表现出抗拒。最终，这类婴幼儿被列为不安全抗拒型或不安全矛盾型（C 型），因为，虽然他们想要与母亲接触，但同时他们又抗拒接触产生的效果，或者表现出矛盾心理，而且这类婴幼儿在家里最爱耍脾气。玛丽写道，"婴幼儿在家庭环境中哭闹的行为，包括在母亲离开房间时哭闹的行为，与这些婴幼儿在陌生情境实验中母婴团聚时的抗拒行为之间存在紧密的联系。"在陌生情境实验中，抗拒型婴幼儿比其他两类婴幼儿更爱哭闹。

另一类婴幼儿在母婴分离时没有哭闹行为。当时，玛丽认为可能需要给这类婴幼儿增加一点压力，所以虽然她有些不情愿，还是在实验中增加了一次母婴分离情境，但这类婴幼儿仍然没有哭闹。然后，她检查这类婴幼儿的家庭表现数据时发现，实际上，这类婴幼儿比安全型婴幼儿哭闹的次数多，但比抗拒型婴幼儿哭闹的次数少，而且这类婴幼儿的母亲在家里表现出更多的排斥行为。这类婴幼儿虽然在陌生情境实验中始终如石像一般安静地坐着，但在家里大多表现得烦躁，尤其是母亲把他们放下来的时候更是如此。家庭观察员认为这类婴幼儿是所有婴幼儿中最愤怒的。在理清这个问题的过程中，玛丽实现了一次重大突破。

玛丽在揣摩这个明显的矛盾现象时，想到了吉米·罗伯森（Jimmy Robertson）的早期研究成果。罗伯森是玛丽在塔维斯托克诊所的同事，玛丽在乌干达所做的研究工作正是受到了这位同事的启发。她记得，罗伯森拍摄了一部黑白电影《2 岁幼儿去医院》（*A Two Year Old Goes to Hospital*），片中有一个小女孩名叫劳拉，虽然父母每天都去医院看望她，但她仍然对父母把她留在医院里感到愤怒，并变得沉默寡言，甚至在父母带她回家时拒绝拉着母亲的手。玛丽在想：1 岁大的幼儿仍然处于前语言阶段，其中一些还不会走路，而且按照弗洛伊德的理论，他们还没有自我，那么他们会愤怒吗？有这个可能性吗？1 岁大的幼儿真的可以像普通人一样具有这么强烈的"人"的反应吗？

虽然全世界的回答都是否定的，但经过深思熟虑后玛丽给出了肯定的回答。虽然她的好友鲍尔比一生都在向全世界揭示，儿童在亲子分离时会感到痛苦，但是连鲍尔比都难以认同这些抗拒型幼儿的抗拒行为本身是一种防御机制。然而，玛丽坚持认为，这些幼儿没有哭闹，也没有寻求安抚，实际上是在建立一道实实在在的屏障，避免因母亲拒斥而感到伤心。

在与鲍尔比讨论时，玛丽曾说：

对于"回避"行为，起初我们在陌生情境中观察幼儿时没有注意到，但后来，有些幼儿向母亲走去时，忽然停下来，转过身，走开了，即便母亲呼唤幼儿，他们也拒绝回来，这是最为明显的"回避"行为，这时我们才注意到……我们认真检查家庭表现数据之后，才假设幼儿在防范什么。

鲍尔比最终回心转意，并为质疑玛丽而感到愧疚，不过玛丽"大体上将鲍尔比对自己的批评视为善意的学术告诫"。她说，"那时我知道，一些儿童会比其他儿童更缺少安全感，他们更爱哭闹，而且哭闹得更厉害，时间也更长，更难以安抚，他们会很愤怒（C型幼儿），但真正让我大感意外的是回避型回应（A型幼儿）。"

现在，关于这种回避型回应，已经有了很多文献。回避型幼儿在陌生情境中看上去非常镇定，表现良好，但在家里的表现却截然相反。因为美国人注重独立、随和的性格，所以当孩子看上去不依赖我们时，我们会感到骄傲，因此，我们时常把孩子在陌生情境实验中害怕被拒斥的表现错误地解读为处变不惊的优秀品格。然而，艾伦·苏劳菲等研究人员通过监测幼儿的心跳速度、体表温度和皮质醇水平等数据发现，这些幼儿远谈不上轻松愉快；相反，虽然回避型幼儿极其安静地坐着玩玩具，表情平静，但体内却出现了剧烈的生理反应。最初，对于这类回避型幼儿，包括那些看上去对母亲和陌生人不能加以区分的乌干达婴幼儿，玛丽错误地称为"未建立依恋关系"。

也就是说，这类幼儿在感到紧张时，会通过压抑、回避来控制自己天生的欲望，不让自己去寻求安慰。他们掐断了自己的依恋行为，这一观点呼应了 6 年前（即 1958 年）鲍尔比在其开山之作中所说："然而，当（依恋）回应无法终结（即得不到回应）时……我们会感到紧张、不适与焦虑。"

最后，玛丽带领巴尔的摩项目团队将 26 个案例分为 3 类——56% 属于安全型、26% 属于回避型、17% 属于抗拒型。她对乌干达婴幼儿的分类结果中（共 28 个幼儿，26 对母婴，包含 2 对双胞胎），安全型幼儿的数量基本上完全一致，但不安全型幼儿的分类需要细化：按她的命名，57%（16 对母婴）属于"安全型"、25%（7 对母婴）属于"不安全型"，18%（5 对母婴）属于"未建立依恋关系"，这类幼儿与回避型幼儿相似度较高。最终，玛丽的巴尔的摩项目团队又对 A、B、C 三个大类增补了五个小类。玛丽提出的这八种类型一直沿用了 20 年，对数千名儿童均有效，这让她感到惊奇。

20 世纪 80 年代，经过数百次陌生情境实验之后，玛丽的学生玛丽·梅因注意到，有一类幼儿不完全符合八种类别中的任意一种。这些幼儿在母婴团聚时表现异常甚至怪异，似乎不属于三种依恋模式中的任意一种。这些幼儿完全不动，看上去恍恍惚惚，他们看着墙，有时围着母亲绕圈爬或绕圈走，就像我与斯蒂尔博士共同观察的那场陌生情境实验中的小男孩的表现一样。梅恩很快发现，从整体统计数据而非个案来看，儿童如果受到虐待，而且可能害怕依恋对象时，那么有时会表现出这些行为。梅恩的丈夫埃里克·海斯（Erik Hesse）和她将这种矛盾现象称为"无解的恐惧"。从依恋或行为系统的视角看，如果说这种恐惧难以耐受，是合乎道理的。我们一起思考玛丽所举的例子：一只小鸟正在窗边吃食，忽然一个人出现在窗户的另一侧，面对这个威胁，小鸟不知是该逃离还是该继续进食。小鸟不知道，让它感到害怕的这个人就是给它喂食的人，不过即便它知道这一点，也依然会害怕。当一个幼儿处于这样的情境中时，问题就出现了。

也就是说，如果幼儿的依恋对象给其既带来安抚又带来恐惧，那么当幼儿本能地想要向依恋对象寻求安全和安抚时，就会在心理和生理上处于一种极其困难的两难境地，这是因为这个依恋对象是危险的。幼儿无论如何选择，都注定失败。

依恋模式的这种"混乱性"还会出现在另一类案例中：幼儿的父母存在未化解的痛苦或创伤，以至间歇性地完全无法关爱幼儿。例如，在"缺乏情感陪伴"的案例中，父母的情感似乎消失了或游荡到别处去了。随着时间的推移，即便是细微的不可预测性也会影响孩子，使孩子认为照料者不能敏感地回应自己发出的信号。

虽然当时玛丽没有立即接受这个新出现的"D型"，但后来她还是接受了。今天，研究人员通常将"混乱型"视为其他几种依恋模式的一个元素，不过，将一个依恋关系的主要类别列为混乱型（D型）也并非不可能。如研究人员巴里·库格林（Barry Coughlin）与同事在近期发表的文章中所说，"混乱型依恋行为未必时时存在，它有可能只在陌生情境实验中出现片刻。所以，如果一个孩子的主要类别被定为'混乱型'，那么同时，这个孩子的次要类别就是'有序型'"。

陌生情境实验课程上完一周后，我已经能够熟练掌握三个大类了，不过要学好 D 型依恋关系，还要再花一周的时间。慢慢地，我甚至能够观察出五个小类了。例如，安全型大类下所谓的 B4 小类，这类幼儿可能会表现出一些误导性行为，因为他们的表现欲较为旺盛，而且有些要强，不达目的不罢休。

如果母亲特别擅长与孩子共同调节，而且与孩子同频、对孩子表现出的需求——食物、安抚、玩耍和睡眠特别敏感，那么孩子就特别能够借助母亲在充满压力的陌生情境中调节自己。安斯沃斯先是在乌干达注意到这一点，后来在巴尔的摩研究项目中对这一点有了更深的认识。从人类关系的依恋与社交呼应模型来看，这是合乎道理的。如果母婴确实是一个整体，那么母婴是否同频就是婴幼儿能否达到既定目标（即感到安全）的关键。

然而，在巴尔的摩研究项目中，一些十分勤快、心地善良甚至和蔼可亲的母亲就是无法在孩子需要的时候出现。她们让孩子哭很长的时间，孩子想要身体接触时她们予以拒绝，或者在照料孩子

（如为孩子换纸尿裤或给孩子喂奶时）同时做几件事，无暇顾及孩子。因为这些行为是研究团队通过一整年的观察得到的，所以玛丽可以看出，这些行为是这些母亲根深蒂固的习惯，而不是特例。

第一轮的陌生情境实验结束后，玛丽开始对着实验结果检查幼儿的家访观察记录，同时做笔记，即作对照。她将母亲在家中的行为与幼儿在实验中的表现排列起来，发现安全型幼儿的母亲似乎更"敏感"，在这种早期的对照过程中，玛丽首次凭直觉有了"母亲敏感性"这个想法并以她独有的方式予以概念化。

"母爱"一词过于宽泛……如果母亲对孩子发出的信号保持敏感，那么，母亲呵护孩子时，包括与孩子开心地互动时，就会与孩子的状态和情绪同频，而且会瞅准孩子的时机，而不是母亲自己的时机。

母亲只有对孩子发出的信号保持敏感、对另一个个体的体验保持敏感，而不是对任何事物都保持敏感，才能让孩子感到安全。

玛丽首创的"母亲敏感性"这个概念的革新之处在于，正如玛丽所说，这个概念不是通过"绝对化的条件"来考察行为。例如，不管孩子的性格如何，而只是一味地要求每天或每个小时之内某个特定行为出现多少次。相反，"我再讲一遍，这个概念最重要的一点是，母亲能够按孩子行为中的信号来与孩子互动，这样虽然不同孩子之间不可避免地存在性格差异，但是，因为母婴都曾经有过'齿轮之间相互咬合'似的体验，所以以后都能够形成安全型依恋。"

敏感型照料者"在婴幼儿想要被抱起时会抱起婴幼儿，在婴幼儿想要去探索时再把婴幼儿放下……另一方面，迟钝型照料者在婴幼儿饥饿时却与婴幼儿交流，在婴幼儿疲倦时却与婴幼儿玩耍，或者在婴幼儿想要交流时却给婴幼儿喂奶"。玛丽所寻找的，是父母有能力"与孩子同频"，如鲍尔比所说，使亲子二人能够形成一个整体。

然而，霍华德·斯蒂尔和米莉安·斯蒂尔后来发现，即便是最为安全的依恋关系中，亲子之间也只有 50% 的时间同频。

这意味着，亲子之间存在很大的空间会出现所谓的"错误"。毕竟，人类这种生物在一刻不停地做出社交呼应行为，谁都不可能对所有社交互动一一进行回应。相反，玛丽认为，婴幼儿在日复一日的"较为同频"的互动经历中，"对于母亲的行为逐渐积累出一套预期……婴幼儿从表征的角度逐渐摸索出母亲的行为模式……这就是婴幼儿在母婴关系中的安全感。"这也是陌生情境实验只需要 20 分钟就可以完成的原因：婴幼儿一旦感到紧张，预期就变为现实了。20 分钟的时间浓缩了一整年的体验。

在亲子互动中，玛丽还观察到另一个饱含深意的细节，这或许也是一个安全、融洽的依恋关系最为重要的一个指标，也是我个人最喜欢的一个指标。我们可以认为，这个指标就是玛丽所做的一切研究和量表的核心问题："母婴是否能够给对方带来愉悦"。

对于玛丽而言，"愉悦"这个词是一个术语。愉悦的定义很简单，即"较高程度的快乐或享受"，但只通过微笑和美声是假扮不来的，它必须是发自内心的。一位学者曾经说过，"这种愉悦可以很轻柔、很温和，而不一定很激烈。只有在对婴幼儿而言特定的情境和行为中，它才会出现，而且不应与骄傲混淆。对于一些母亲，愉悦感可能自始至终存在，而对于另一些母亲，愉悦的感受可能是逐渐培养出来的。"

愉悦感没有任何规律可言。

在为期一周的培训中，我们观看了很多陌生情境实验，其中有一场我特别喜爱。在那场测验中，我坐在昏暗的教室中观察，主角是一个穿着淡紫色裙子的 B4 型小女孩和一个身材瘦削、愁眉苦脸的年轻母亲，这位母亲穿着运动衣，头顶上的头发留得较短，但脑后的头发留得较长。小女孩穿着一双小小的运动鞋在屋里摇摇晃晃地走来走去，当母亲离开时，她号啕大哭，但当母亲回来时，她跑向母亲，母亲立即将她抱起，小女孩随即停止了哭闹。这位母亲不像其他母亲那样洋溢着对孩子的情感，也没有做出"乖，宝宝不哭"这类安抚孩子的明显言行。她看上去一点也没有感到愉悦。然而，当她简单朴实地抱起小女孩时，小女孩立刻贴到她身上并把头枕在她的肩膀上，然后母亲和小女孩同时互相拍着对方的肩膀。苏劳菲指出，这是母婴共同调节的完美案例。我可以肯定地说，在那一刻，苏劳菲哽咽了。

然后，小女孩的母亲将她放下来，让她玩耍。

我环顾四周，看着教室里的男孩、女孩、母亲、父亲，又抬起头看大屏幕。大屏幕中，那位愁眉苦脸的母亲和感情强烈的小女孩向我们做出了完美的榜样。

第 20 章

20 世纪 70 年代，正当安斯沃斯的首批陌生情境实验结果得到广泛传播并被人模仿时，苏劳菲和同事开展了一项具有里程碑意义的依恋研究。他们邀请了"中等贫困"家庭中的 180 个儿童参与终生研究。研究人员要观察每个儿童的个体发展的各个方面，在儿童降生后第一年内记录 4 次、1 岁至 2 岁半期间每 6 个月记录 1 次、2 岁半至三年级期间每年记录 1 次，此后每两三年记录 1 次。在本书创作期间，这项研究仍在进行之中，不过研究重心经过不断调整，现在几乎完全专注于这些研究对象的健康状态了，目前最为有力的一项研究结果是，安全型依恋与个体的心脏长期健康有关。

安全感有益于身心健康。

从一开始，研究人员就会在各种环境中观察这些研究对象，包括家庭、实验室、学校和同龄人之间，同时评估他们生活的各个方面——与父母和朋友的关系、性格、学识、认知功能以及"所有这些因素从最开始到逐年相互作用的详细情况"。此外，这项研究还持续记录研究对象的家庭生活——各自的压力以及对家庭系统的破坏和维护。

这个详尽的研究项目至今已经开展30年，成果显著。研究发现，安全依恋型儿童具有以下特点：

- 主导感更强；
- 调节情绪的能力更强；
- 自尊心更强；
- 应对压力的能力更强；
- 学龄前与同龄儿童积极交流的能力更强；
- 童年中期与小朋友关系更紧密；
- 青春期协调朋友关系的能力和群体功能的能力更强；
- 成年期对爱情关系更加信任、没有敌对感；
- 社交胜任力更强；
- 领导才能更强；
- 与父母和兄弟姐妹关系更快乐、更融洽；
- 在生活中信任感更强。

在研究人员的主要结论中，第一项是"对儿童的发展最重要的，莫过于对他们的呵护，包括早期对他们的呵护。"第二项主要结论是"个体发展不是线性的，它有两个特点，即连续和改变。"也就是说，虽然童年经历的创伤或积累的优势对个体有较大的影响，但这两点和人类其他一切方面一样，并不是一成不变的。人性本身就是不断变化的。

苏劳菲和同事将研究成果编纂为一本书，并大胆命名为《人的个体发展》(*The Development of the Person*)。书中写道，"发展心理学家的一个梦想就是了解儿童的经历……并看着儿童慢慢地成长。"研究对象中有一个 10 岁的小女孩，研究人员都认为，这个小女孩"太突出了"，于是就为她做了一个小纪录片。在陌生情境实验的课程中，苏劳菲为我们播放了这个纪录片，我们也可以买下它。我当然买了下来并带回家。纪录片名叫《米茜：个体发展的轨迹》(*Missy: A Developmental Portrait*)。我从明尼苏达州回家那年，阿嘉丽娅 10 岁，那时夏天也到了。我没有与她在一起的时候，如往返于书房和厨房之间、书房和车之间及书房和露天平台之间时，都在看这个小纪录片，而且看了很多遍。

这部纪录片记录的是一次为期 4 周的夏令营活动，上文提到的纵向研究中有 47 名儿童应邀参加了这次夏令营，这样研究人员就能观察这些儿童在日常生活的各个方面的表现，尤其是在各种关系中的表现。纪录片一开始，是柔和的吉他声，然后出现了 20 世纪 80 年代孩子们一起踢球的画面，他们踢得很起劲儿，不时地大喊大叫；而后，有一群女孩子跑过操场；然后镜头切换到室内，孩子们在一个室内游泳池游泳，传来激水的声音；然后，米茜出现了，她坐在桌旁，棕色的卷发，带着牙箍。她带着 20 世纪 80 年代常见的大框眼镜，穿着一件款式新颖的上衣。

画面之外，采访者问道，"明年我们还会组织这个夏令营，所以我们想了解，针对今年的夏令营，你觉得哪些地方好、哪些地方不好，这样明年我们就能为其他小朋友做得更好。"米茜听着，用手端着下巴，看上去在思考。过了一会儿，她说道，"哦……"然后露出了一个灿烂的笑容，也露出了亮晶晶的牙箍；她向后倚着椅背，把一条腿收到椅座上，脸上洋溢着笑容，带着明尼苏达州的口音回答道，"怎么说呢，夜里我们不能到处跑，但男孩们就能到处跑。"她继续讲了一些自己的好恶（大多是她喜欢的方面），然后解说（即艾伦·苏劳菲）发言了，那时他还很年轻。他说道，

　　这是一个性格开朗的 10 岁儿童。她自信，善于表情达意，招人喜爱。我们可以看出，她享受生活，也喜欢与同龄人交往……她是同龄人的领袖，其他儿童愿意追随她。无论做什么，她都尽力去做，而且很喜欢做。她对自己的外貌很自信，这一点较为明显。虽然她只有 10 岁，但她很清楚各种关系孰重孰轻。她与夏令营的老师们关系很融洽，但她着重处理的是与同龄人的关系。

　　采访者问米茜，"你对那些男孩们怎么看？"她故意停顿了很久才回答，回答时表现出极大的热情，而且一直与采访者保持目光接触。首先她露出一个微笑，然后表情又严肃起来，然后又露出了微笑。

　　怎么说呢，有时德里克、阿基姆和保罗会在车里拿我的牙箍开玩笑，但阿基姆不会拿我的眼镜开玩笑，因为他也戴眼镜，但保罗和德里克会拿我的眼镜开玩笑，但我不理他们，有时会找他们报仇……他们说我嘴里安着"火车铁轨"时，我就说他们是"臭嘴

巴"，因为每次吃饭后，他们不会（像我那样）刷牙。阿基姆和他们会朝我扔毛巾，我就把他们的毛巾拿走，阿基姆就会又抢走毛巾，然后用毛巾打到我的眼镜上，然后我就用指甲抓他。

米茜因为自己在打架中还手而表现得很自豪。我能想象，有男孩子招惹她，她勇于反抗，而且"用指甲抓（他们）"，一定会让她自我感觉良好。

虽然米茜的样子很像我在她这么大时的样子——卷发、戴着又大又傻气的眼镜、瘦长的身材，但是她的"言行"更像阿嘉丽娅而不像我。毕竟，那时我总是闷闷不乐、害羞，而且不太受同学喜爱，而阿嘉丽娅就不一样了。虽然她不如米茜外向，但我可以肯定地说，她很自信，人缘很好，而且也善于"表情达意"。我在想，阿嘉丽娅虽然有我这样的母亲，但现在却像米茜，这是怎么回事？

苏劳菲继续说道，

总的说来，米茜对自己的认识很明确，她对生活的热情和快乐富有感染力，让人们很喜爱她。那么，她是如何做到这些的？在她的生命早期，何时有迹象表明她将成长为一个这么健康、合群的孩子？个体在早期表现出的积极适应的迹象，会以什么形式出现呢？幸运的是，米茜参与了一个纵向研究项目，在这个项目中，研究人员会在各种情境下为每个研究对象录像，这项工作从个体婴儿期开始，贯穿其发展的每个阶段。正因为有了这些录像，所以我们能够追溯米茜的早期生活。

　　纪录片中，米茜从婴儿期慢慢成长，与此同时，阿嘉丽娅在家中出出进进，想着她自己的心事却表情坚定。苏劳菲的话在我的脑海中回响："她——阿嘉丽娅——是如何做到这些的？"

　　纪录片中回到了黑白片时代，那时米茜还处于婴幼儿时期，勉强能站立，细嫩的头发上戴着发卡。苏劳菲解说道："在婴儿期，米茜得到了稳定的照料，她表达的需求、发出的信号都能得到回应……有妈妈在身边时，她能够自由、快乐地探索。"

　　我记得阿嘉丽娅小时候，我坐在书房里打字，她在地板上摇摇晃晃地走来走去，把积木从一个盒子里拿到另一个盒子里，然后抬起头看着我。

　　接下来，纪录片中播放了米茜1岁时在陌生情境实验中的表现。她的母亲不到20岁，穿着超短裤和厚底高跟鞋，非常时尚。她的母亲按照要求，把米茜留在实验室的休闲区。米茜穿着纸尿裤坐在地板上。那是第三观察阶段，母婴第一次分离，陌生人坐在椅子上，离米茜不远，米茜坐着不动。苏劳菲解说道，米茜处于"情绪抑制状态"。她面无表情，腿上放着一个"机灵鬼"弹簧玩具，玩具一动不动。我似乎可以感到，她的鼻子微微发颤，喉咙哽咽，马上就要哭了。

　　这时，她的母亲要进屋了。当她在门的另一侧伸出手，正要去够门把手的一刻，米茜的小脸上立刻绽放出笑容，仿佛一只小鸟冲上枝头，咯咯地笑着，并且高兴得大叫。"这明显是一种特殊关系，"苏劳菲说道。屏幕中，米茜摇摇晃晃地跑向母亲，她的母亲开心地叫着她，"米——茜，米——茜！嗨！"并把她抱起来。

我记得那时自己下班回家，阿嘉丽娅迈着小腿朝我跑来，赛耶跟在后面，然后她很快就回到高腿凳去玩娃娃了。

在第六观察阶段中，米茜被独自留在房间里，"变得非常焦躁"，她站在门边，大声哭闹。第七观察阶段开始，陌生人回到房间里，她穿着印花太阳裙，头发用同样花色的头巾束起，样貌甜美。尽管如此，可怜的小米茜还是又吼又闹，拒绝陌生人的安抚。苏劳菲评论说，"陌生人无法取代她的母亲。"在第八观察阶段中，母亲回到房间里，米茜跑过去，拼命地抱住母亲；当她被母亲抱起且需求得到满足时，立刻就安静下来了。米茜依偎在母亲的怀里，头枕在母亲的肩膀上，仿佛回到了家中。

在下一个镜头中，米茜又恢复了开心的状态，与母亲在地板上玩"机灵鬼"弹簧玩具。苏劳菲说："我们看到，米茜对母亲的信任开始转化为对自己的信心。"

接下来是一些剪辑，米茜在童年中慢慢地成长，解决问题、思考事情。例如，在一次实验中，她要解决一个问题——"扳动操纵杆"，如果她能够想办法把操纵杆扳起来，那么她就会得到奖励。她的母亲静静地坐在一旁，看着她，鼓励她，但只有在小米茜拉着她的手，把她拉到操纵杆旁边，稚气地对她说"推"，她才开始帮忙，她对米茜说"告诉妈妈怎么推"。在另一项实验中，米茜发现，一个有机玻璃盒里装着"很好玩的玩具"，但这个有机玻璃盒"几乎是不可能打开的"。她对着盒子左看看、又看看，又晃了晃，试了一种办法，行不通，又试另一种办法。苏劳菲说："可以明显看到她内心中的自信。"过了一会儿，米茜甚至走开、去玩"不太好玩的玩具"，然后才回到有机玻璃盒旁边继续想办法。

在幼儿园中，米茜与小伙伴们一起玩，解决了到底该由谁来把一块布铺在城堡上作为屋顶的问题，然后又与其他小朋友一起在桌上做手工。这时，苏劳菲告诉我们，"米茜按要求把一块饼干分给其他小朋友，她显然有些不情愿。"镜头拉近米茜，她面前的桌子上摆满了饼干。她本来在说笑，现在她停了下来，凝神片刻，仿佛要完成某种重要的心理活动，然后她轻轻地把头发向后甩了甩，继续做手工。苏劳菲对我们说："她能够调节自己的情绪，不受情绪的干扰。这个孩子在4岁半时，已经具有良好的自我调节能力，自信、独立。"

这让我想起那次在中餐馆，阿嘉丽娅坐在我对面，等我消除怒气；此外，还有很多类似的场合，她在"狂风骤雨"中努力"调节"着自己。

我开始思索。虽然我对米茜的了解有限，但我想要知道，米茜、我和阿嘉丽娅三个人之间是否存在着某种纽带，将我们联系在一起？

阿嘉丽娅与米茜不一样——我们的家庭并不贫困。我们的经济条件既算不上中等贫困，也算不上初等贫困，但阿嘉丽娅"很珍惜"现有的一切。阿嘉丽娅是家中的独生女，她也从来不想要一个弟弟或妹妹，她不愿意把自己的各种娃娃、衣服和书分给别人，也不愿意把我和赛耶分给别人。另外，最近我们和另一个家庭一起度假，那个家庭有三个男孩。这次度假阿嘉丽娅玩得很尽兴，有人陪她打牌、录视频、一起说笑，而且他们能够互相倾诉大人们给他们带来的烦恼。她说，"感觉就像一个大家庭，真是太好玩了！"

最近我问她，身为家中的独生女，没有兄弟姐妹，有何感想。她的回答带着平日的从容："怎么说呢，各有利弊吧。"

阿嘉丽娅有两个最要好的伙伴，这三个孩子从 6 个月大至 1 岁就在一起玩耍，一直到上七年级时仍然是最要好的伙伴。从幼儿园开始，她们就在同一所学校上学，每天都会由其中一个小朋友的父亲开车送她们去上学，这位父亲是那所学校的教师。前几天他给我发了一个视频，是三个小女孩一起去幼儿园时录制的。阿嘉丽娅长长的卷发编成一个辫子，穿着一件红裙子。她特别喜欢穿这件红裙子，一年级第一天开学时穿的也是这件裙子。她的门牙还没有长好，她和小伙伴们坐在车里，跟着广播中播放的歌曲一起唱歌，并随着节奏东倒西歪，那个孩子的父亲通过后视镜给她们录视频。

在我的一生中，始终都在期盼这样的友谊。

对于学生们的表现，阿嘉丽娅所在的学校并不打分，而是给予书面评语。虽然这些评语比不上纵向研究结果，但我仍然可以从中挑选出核心内容。阿嘉丽娅的学习成绩很好，这一点不像我，但很像米茜；同时，老师对她的评语中总会包含"优秀的社交技能和情商"，这一点更不像我，却又很像米茜。

此外，从幼儿园开始，阿嘉丽娅得到的评语中还会包含良好的学习态度和专注能力，这些肯定不是我遗传给她的，因为我在学校的表现一直很差，直到上大学后才有改观。苏劳菲和同事发现，婴儿期形成安全型依恋关系的个体，最为明显的性格特质就是坚韧不拔，即相信自己、不轻言放弃、不轻易产生挫败感。确实，米茜在实验室和学校中一次又一次地表现出这种特质。我总在想，这种特质是阿嘉丽娅自己形成的，还是赛耶遗传给她的？

我对米茜的父亲毫不了解。然而，从阿嘉丽娅降生后，赛耶用婴儿背巾抱着她，听着夏威夷乐曲，摇着她入睡；把她放在背包中，背着她在树林中跋涉；把她放在自行车后座上，驮着她骑车到镇上，可以说，这父女二人形影不离。每年他们都一起去纽约市参观动漫展，装扮成心中的超级英雄，而我待在家里读书；此外，每年他们会去划皮划艇，而我同时开始为期一周的静修。一段时间以来，每周有三天的时间，赛耶早上很早就去照料患者，这样他就能在阿嘉丽娅放学时去接她，带她到健身房学习巴西柔术，而且是父女俩一起学。

说到这里，该谈谈我和我父亲的事情了。

在禅院禅修第二年的4月，我和赛耶正在赛耶的父母家中看望他们，我母亲突然打电话来对我说，我的父亲过世了。

父亲40岁时第一次心脏病发作。那时，他已经抽了半辈子烟，特别爱吃牛排边缘的棕色肥肉，爱在"大男孩"餐厅吃班尼迪克蛋，而且要多抹荷兰酸辣酱；此外，他还爱吃"汉包"，这是他对汉堡包的独特叫法。那次心脏病发作之后，他的生意很快就倒闭了，落得个倾家荡产，不得不从房子里搬出去，就是客厅尽头有卫浴间的那栋房子。我 12 岁时父母离异，父亲南下去亚利桑那州菲尼克斯市重新开始生活。他走时，给了我一个预充值的电话卡，告诉我，想什么时候给他打电话就什么时候给他电话。所以，有时周日下午无事可做的时候，我会给他打电话，不过有些尴尬。"嘿，布布，"从我很小的时候，他就这么叫我，"最近怎么样？"然后就开始问我学校的情况、朋友的情况，还向我解释当初他为什么要离开我们。

"贝丝，那时我确实没有办法，必须得离开密歇根州，然后重新开始。你能不能理解爸爸？"

对于这个问题，我的成熟的一面会回答，"怎么说呢，既理解又不理解。"

过了几年后，父亲再婚。又过了很多年后，他出了一场看似轻微的车祸，但有轻微的脑溢血，最终还是没能逃过这一劫。

想当年，父亲蛮帅气的。他曾随军队在德国驻扎，那时，他穿着斜纹紧身裤，戴着黑框眼镜，站在他的名爵牌汽车前留影，仿佛社交平台上的大明星，但临终时，他住在养老院里，身体右侧已经瘫痪，时常感到失落，对着电话大喊"我很焦虑！焦虑！焦虑！"他一生都是甲壳虫乐队的忠实歌迷，但临终时却连一首歌也想不起来，而且连烟也抽不了了。

我们把他的骨灰撒在拉斯维加斯赛车场上，他曾在那里开着保时捷老爷车参加赛车比赛。那个春天十分清冷，戴多在禅院为我父亲主持了一场小型葬礼。我站在那里，僧服外披着大衣，与众人一起诵经，泪水因为心中所失而不知不觉地流下来。

我想，"从今以后，我再没有父亲了。"

阿嘉丽娅特别喜欢听我讲我小时候的故事，而且同一个故事她可以听很多遍。例如，在我3岁时，有一次去表姐家，我骑着儿童三轮车，刚刚过了马路就"走丢了"。姨妈总爱把这件事翻出来，拿我的母亲打趣说，"小莉呀，当时你想什么呢？让一个3岁的小朋友到处乱跑，不好好照看她？"

"我也不知道呢，"母亲哭笑不得地说，"估计是在'想心事儿'！"

她们两个人哈哈大笑，无奈地摇摇头，各自又拿了一根烟。

阿嘉丽娅问我童年的事情时，我总是小心翼翼地回答，尽量不让自己显得闷闷不乐、烦躁或者不乖。那天，我们慢慢地吃着午饭，她说，"我真想回到你像我这么大的时候，然后认识你。"

"是呀，宝贝儿，那就好了。"我说。

"那时你比我要害羞多了，是吗？"她问道，看着我的眼睛。

"是吧。"我点头说，尽量轻描淡写地回答。

"我会对你讲礼貌的。"她说。

我知道她会的，就像米茜一样。

如果用三个圆圈代表米茜、阿嘉丽娅和我，并且做成一个交集图，那么我们的交集是什么？我们会在哪里交会呢？

苏劳菲写道，"有安全型依恋体验的儿童似乎相信，通过自身的努力，自己的需求能够得到满足、目标能够得到实现，这也是他们在婴儿期的真实经历。"这些年，我们将这种特质称为"坚毅"，杜李惠安 [①] 在其重要著作《坚毅：释放激情与坚持的力量》（*Grit: The Power of Passion and Perseverance*）中给出了这个特质的定义。贾克琳·利维（Jaclyn Levy）和霍华德·斯蒂尔曾撰写文章，探讨坚毅与依恋之间的关系。他们将坚毅这种特质定义为"个体长期拥有驱力和决心的原因"。所谓性格坚毅的个体"都认为，取得一项成就是一个长期的过程，而他们的优势是耐力、决心和持久力"。利维和斯蒂尔总结杜李惠安的观点说："许多人在感到失望或厌倦后认为自己应当调整前进的方向，而性格坚毅的人则会沿原方向继续前进。"虽然人们通常认为坚毅是由某些性格特质形成的，但研究人员研究坚毅与依恋之间的关系后发现，"坚毅量表得分较高与父母早期呵护程度较高之间存在显著相关……依恋焦虑、回避与坚毅之间存在负相关。"

无论是在婴儿时期想办法让父母把自己抱起来，还是后来想办法给芭比娃娃那形状离奇的塑料脚穿上鞋，安全型的儿童总是有一种主导感。他们对自己充满信心，认为自己有能力完成困难的任务。在一次视频评估中，米茜想尽办法打开一个上锁的箱子，想要拿出

[①] 杜李惠安（Angela Duckworth，生于 1970 年），美国学者、心理学家、科普作家，美国宾夕法尼亚大学心理学教授。——译者注

里面的玩具熊，对此苏劳菲说："她认为，自己如果认真想办法，就会成功……她处理问题时能够灵活变通，这就表明她有这种信念。"

我上学时表现不好，而且似乎也没有什么迫切的愿望要认真做什么事情。我完全能够想象，如果小时候得不到好玩的玩具，我会说"拉倒"，然后坐下来望着窗外发呆。然而，有一件事确实始终萦绕在我的心头，我想要知道一个人活着的意义。对于米茜而言，一条路行不通，那就想另一条路；对于阿嘉丽娅而言，玩无可玩时，也要想方设法地玩；对于我而言，哪怕放荡不羁地度过这一生，也要坚毅地弄清楚人活着的意义。

第 21 章

我第一次进禅院的斋堂时，是哭着走进去的。查尔斯和我分手后的两年里，我一直在哭——在家里哭、在地铁上哭、与朋友一起吃早餐时哭，坐禅时还在哭。那时有人为禅院拍摄宣传视频，拍摄的人说，拍摄禅堂时，总能录到我的身影，而我总在哭泣，这让我感到很尴尬，但是我想，"你知道什么？我有情绪需要疏解！"在一片寂静之中，我一开始打坐就感到，这种姿势或这种修炼方法一定能让我领悟到层层欲望之下隐藏的东西。虽然坐禅很难，但我相信我的直觉。

那时我想亲近自己，而且做到了。

那时，我有一位大学同学，得知我先是和查尔斯之间发生了一系列离谱的问题，然后又搞起禅修来，像雕像一样一连几个小时坐着，不免为我担心。她问我，"这样不疼吗？"从她的表情看，她没有拿我打趣。现在看来，那时她可能在想，我是在以这种方法惩罚自己。

"疼？"我反问道。

"是呀，这么一动不动地坐着，不疼吗？"

那时，我从来没有考虑过这个问题。

"嗯，肯定疼啊，"我说，"有时确实疼，但不这么坐着，我会更痛苦。"

我没有说谎。当我一动不动地坐着，完全沉浸在由悲伤、依赖和孤独构成的自我困境中时，我慢慢地感到有些奏效了。我学会了如何观察并讲出自己的内心状态，同时也学会了如何活在当下，从而学会了如何专注于自己。

禅宗最重要的教义之一是要想参悟禅机乃至世间万物，就要与之"亲近"，禅师无论是公开宣讲还是私下传授都会提到这一点。亲近，这是戴多自己的措辞。他大声宣讲禅法时，会说"面对一个障碍时，就要成为这个障碍"！要避其锋芒，要顺着它，要"亲近"你的生活。戴多有一句口头禅，那就是"要亲密无间"。

个体和他人之间是亲密无间的。正如鲍尔比所说，我们是一个整体。

我记得在一次问答环节中，一名弟子眼含热泪地问戴多，如何原谅一个你爱的人。戴多的回答让我惊讶，他说："原谅你自己。"

每次静修一周时的最后一天清晨，静修者照例要大声向众人分享自己的静修体验。多年前，那时我还没有生下阿嘉丽娅，甚至还没有怀上她，有一次，在黎明前的寂静之中，我讲到了我的母亲。

我说，这一周我一直在想我的母亲，即便在讲话的那一刻，也在想她。我说，我们坐在蒲团上的那一刻，我的母亲应该刚刚从密歇根那间漆黑的小公寓里起床，穿着睡袍走到咖啡机前打一杯咖啡，放上咖啡伴侣；然后端着咖啡回到卧室观看早间新闻，点上一支香烟并看着太阳渐渐地升起。我说，想到她这样独自在远方生活，我感到很伤感。我说，我时常对她发火、对她感到失望，我们的生活在各个方面都格格不入，我完全做不到与她亲密无间，但在静修一周之后，我对她的态度软了下来，渴望与她更亲近些。

之后，我们都去了斋堂，在排队取斋饭的过程中，另一个禅修弟子拥抱了我一下，对我说，"从你刚才的口吻中，你和母亲之间就是亲密无间的。"这让我丈二和尚摸不着头脑。她的话是什么意思？"我和我母亲？亲密无间？"可我刚才一直在说一种截然相反的感受呀！

那时我一直认为，亲密无间就是我始终在寻觅的个人之间的紧密关系，那种电光火石、汹涌澎湃的情感，我从来没有感到与家人有过这种情感。我一直在性关系中、爱情中寻找它，现在甚至在坐禅中寻找它。虽然静修总能让我体验到静下心来的微妙状态，而且我也对此心怀感激并倍加珍惜，但我仍然不满足，我仍然在努力探求更深邃的东西，我想，一定还有某种更为广阔的空间、某种终极的幸福状态。

那时我以为我懂"亲密无间"这个词的意思。例如，夜幕降临，两只船相互靠近。但我没有想到，真正的亲密无间是"你中有我，我中有你，浑然一体，难解难分"。这似乎上升到了"灵魂"层面，遥不可及，而实则不然。它是我们天生的秉性，我们对它并不陌生，很多诗都描写过它。诗人巴勃罗·聂鲁达（Pablo Neruda）曾写道，

> 我只能这样爱你，别无他法：
> 你我形影不离、亲密无间，
> 我胸膛上的你的手，就是我的手，
> 我入睡时，你也合上了双眼。

原来我和母亲那么近，虽然我坐在黑暗的禅堂中，但当远在密歇根的母亲起床时，我就在她的身边。我不是形单影只，她也不是。

然而，那时我还没有觉察到这一点——真正的亲密无间太平凡了，有时候，爱的表达是不经意的、看不到的。形影不离的母女二人在破晓前共同起床，只是寻常事情。对于这个世界上的每一个人而言，把某个人记挂在心头、爱着这个人，是平凡得不能再平凡的情境了。

第六卷　叫我妈来
GET MOM

个体在一个阶段需要对照料者产生深深的依赖，而在另一个阶段则要锻炼独立。所以，如果你问我一种做法是利是弊，那么我只能说，"要看情况"。

——玛丽·安斯沃斯，《乌干达的婴幼儿》

第 22 章

在客厅尽头的卫浴间里,我脱了衣服坐在浴缸里。那是1976年,当时我 7 岁。我慢慢地向后仰,将肩膀浸入水中,把腿伸直,随着我的整个身体渐渐地滑进温暖的水中,浴缸中的水也在慢慢上升。我继续向后仰,水潺潺地涌过来,没过我的耳朵,耳朵里回响着嗡嗡的声音。然后,我坐起来,我把窗帘拉开,看着水蒸气沿着银黄两色的铝箔壁纸徐徐上升,在梳妆镜上形成一层雾气。

突然,父亲把头探了进来。"别!叫我妈来!"

这一瞬间发生的事情深深地烙在我的记忆中,它是那么栩栩如生,同时又是那么迷雾蒙蒙。随着我长大成人并不断反思自己的行为,我通过这件事来解答我的人生之谜。

当其他孩子坐在教室里学习时,我却沿着漆黑的楼梯走向一间屋子。在那间屋子的地板上,铺着一张床垫,我的男朋友就躺在那张床垫上等着我,他比我大很多岁,那时从我的脑海中闪现过的就是卫浴间里的那个场景——"别!叫我妈来!"后来,当我拉开纱门，走进朋友家，看到几个朋友正举着大瓶装啤酒，我又会回忆起梳妆镜上的雾气，心想，"难怪我会变成这样"。上语文课时，我坐在教室后排，听到同学们说各自被大学录取的情况，我看看自己成绩单上写满了勉强及格的分数，又回忆起自己坐在浴缸里的那一幕，我在想，那一刻我呼喊母亲，是否是因为我受到了虐待。在面对父亲时，我确实感到尴尬、不自在，但除此之外，没有其他迹象表明他做了那样的事情。尽管如此，我和父亲的关系中有些神秘成分，再加上我的性格不羁，所以我感到非常好奇。

那时我认为，父亲和我之间之所以存在距离感，也许不只是因为我和他之间的共通之处很少——他是一个汽车零部件销售商，而我是一个小女孩，也许还因为母亲拒绝承认现实，也许正因为这个原因，所以她才不停地打扫家里的卫生。

虽然我如此爱自己的女儿，生怕哪一天就再也见不到她了，但我的言行仍然像一只"凶恶的大灰狼"，也许同样是因为这个原因。

虽然我渐渐长大成人，但我从没有忘记卫浴间的那一幕。

第 23 章

　　约翰·鲍尔比在伦敦儿童指导诊所工作期间，曾与 44 个问题少年一起工作并由此发表了一篇文章，文章题为《44 个未成年小偷及其家庭生活》(Forty-Four Juvenile Thieves: Their Characters and Home Life)，那是在他见到玛丽·安斯沃斯的 6 年前。一些人认为，这项研究是依恋领域的第一次实证研究。

　　这项研究虽然具有历史意义，但我们应当承认，它是存在缺陷的。鲍尔比在文中写道，"因为缺少资源，所以本项研究工作具有局限性；这项研究缺少计划性，案例数量很少，收集数据的方法缺少系统性，而且在业务繁忙的诊所中开展研究工作，也遇到了一些实际困难。"这项研究虽然有着这样或那样的问题，但它得出了一个结论，这个结论看似简单，但对后来的研究工作起到了重要影响，并使鲍尔比在依恋领域取得了突破性的胜利，这个结论是：这些少年犯中，40% 的人曾与母亲长期分离……相比之下，控制组中只有 5% 的人曾与母亲长期分离，这是一个重要差别。

很明显，这些男孩有些不同寻常之处。鲍尔比写道，"毫无疑问，他们基本上都拥有'少年犯人格'。"

然而，他还写道，"可以断定，如果这些儿童形成各种关系的能力在发展过程中没有受到某些因素的抑制，那么这些儿童也许不会犯法。"显然，"母婴分离"对个体能否形成安全型依恋关系具有深远的影响，那么上述"某些因素"是否与"母婴分离"相关，以及如果二者相关，那么二者是如何相关的？鲍尔比将余生的精力都花在了这个问题上。

我总是在思考那些少年犯的问题，尤其是被鲍尔比称为"没有感情"的那些少年犯，即"缺少正常情感、羞耻心和责任感的儿童"。我想起自己青春年少、做事不计后果、面对严重危险却不以为然的经历。

那时我是否也没有感情？

实际上，恰恰相反，那时我的感情特别丰富。

阿嘉丽娅说，20 世纪 80 年代"过时"了，我明白她的意思。1982 年的一天，我的父母在家庭晚餐时宣布他们离婚了。"家庭晚餐"这个词听上去那么温馨，可我家的家庭晚餐却始终如一地让人倒胃口。那时父亲刚刚经历了心脏病发作，生意也倒闭了，我们在镇上"不太好"的地区边缘，与另一户家庭合租了一套住宅。那时父亲准备离开我们了，而且因为失去了心爱的捷豹牌汽车而失魂落魄，不过我们还是保留了一辆红色雪佛兰，而我心心念念想要一条名牌牛仔裤的希望更加渺茫了。

我的母亲没有上过大学，而且在我们小的时候，她也基本上没有出去工作过，但是，家里这条重大"新闻"公布之前的那个夏天，我的母亲开始做出转变，想要成为一个现代女性。我推测，她想挣钱养家，做家里的顶梁柱，把三个孩子抚养成人，而这三个孩子中，两个已经成长为五大三粗、不服管教的大小伙子了，第三个虽然还是少女，却越发不叫人省心。父母和我三个人在楼上都有各自的房间，麦特睡在地下室，他的床就在洗衣机和烘干机旁边，山姆从学校回家时，和他一起睡在地下室。

那个时期的生活对我的母亲而言非常艰难。一方面，虽然她的婚姻失败了，以前的生活方式一去不复返，但是她还要撑起这个家；另一方面，她又要驯服两个处于青春叛逆期的儿子，而且无法指望他们的父亲帮忙。那时我还小，也不机灵，母亲感到，她在自己的家里就像一个外人，当时我肯定也有这种感受，或者也许是我把自己的感受投射到了母亲身上。我记得，在那个走霉运的夏天，有一次吃晚餐，母亲想让我的两个哥哥注意餐桌上的某种规矩，这时父亲在一旁笑话她说："哎呀，我说小莉，你快算了吧。"平日里，母亲一直泰然自若，但那次着实伤了她的心。所以，当她去收拾餐桌时，我就像一只灰雁雏鸟一样跟着她，静静地站在她的身边，不知道该怎么安慰她。她把一盘剩菜倒入垃圾桶里，然后看着我，对我说："宝贝儿，妈妈没事。"而我却信以为真了。

我升入八年级一两个月后，有一次得了感冒在家休息。我躺在母亲给我铺好的沙发床上看肥皂剧，一副昏昏欲睡的样子，身边扔了一堆纸巾。我家的家庭电话留了很长的电话线，方便我和两个哥哥抱着电话在家里找地方说悄悄话。那天，电话在地板上搁着，静悄悄的，没人管它。一会儿它响了，我接了电话，是凯特打来的，她是一个挺可爱的女孩，喜欢打网球，脸上有些雀斑，在那之前，我一直把她看作班里的新朋友。

凯特说："贝丝，我觉得明天你还是不要来学校了。大家都在生你的气。"

我听到她的话，一下子感到十分害怕。

"为什么生我的气？"我问道。

"很多事。"她说。

我马上意识到，凯特不会告诉我真话，所以我挂了电话，躺在沙发床上，一个人哭了起来。

我把这件事说给母亲听，她说，我可以在家多休息一天，让自己镇定下来。于是，我就多休息了一天，但心中很焦虑，坐立不安。转天，母亲送我去上学。

"昂首挺胸地进学校。"她说。

我呆呆地望着草坪那边的校园。

"同学们误会你了！"她提醒我说。

"对，"我心想，"可是万一他们没有误会我呢？"

"而且很明显，"母亲补充道，"是他们自己缺少安全感。"

我打开车门，走过马路，昂首挺胸地走进校园。平日里，上课前我们都会在学校餐厅玩，那天，我走进闹哄哄的餐厅，向里面看去，一群女生聚在一个角落里，她们正在等我。我朝她们走去，她们一个一个地走上前来对我说她们生我气的原因，其他同学在一旁看着我们。这期间，甚至有一些男同学也参与进来，这让我感到吃惊。我知道，这一套在女同学之间很常见，但那一次居然连男同学也参与进来了。

亲眼看着我最害怕的事情发生，简直把我逼到了崩溃的边缘。同时，这件事证实，一直以来我猜得没有错，我这个人有些地方确实过于离谱。从今以后，我就成了一个"众所周知"的废物，就在自己一直梦想着与朋友相伴的美好生活快要实现的时候，突然就这样彻底无缘了，这让我一想到未来就感到恐惧。那些女同学说的生气原因多少有些事实根据，让我在希望落空的同时，又认为自己活该受到这种对待。她们没说错！我确实在背后议论同学，因为这种做法让我感觉很酷，而且有归属感。我知道自己为什么要做那些让同学们不满的事情。我急不可耐地想要得到自己想要的东西，言行粗鄙、多嘴多舌并因此惹得大家生气，都是我的错，我也愿意以一个 13 岁孩子的方式承认这一点。

我一会儿认为自己活该，但一会儿又不这么认为。于是，在餐厅第一次面对同学们连珠炮式指责的过程中，当 10 个女同学向我发难之后，我控制不住地大叫起来："对！你们说得都对！但是我告诉你们，我不是十恶不赦的坏蛋！"

每个人在指责我的时候，我的内心都知道，我是一个有正常思想感情的普通人。

母亲是对的：欺负别人的人确实是不安全型的，而且通常是不安全回避型，而不安全抗拒型和不安全矛盾型的孩子通常是受害者。正如研究人员内维尔·琼斯（Neville Jones）和艾琳·巴格林·琼斯（Eileen Baglin Jones）写道，"与父母之间属于不安全回避型依恋关系的儿童对他人缺少信任并认为他人对自己怀有敌意，所以他们与同龄人可能会形成攻击性互动模式。"这些儿童是欺凌者。另一方面，"与父母之间属于不安全矛盾型依恋关系的儿童获得的呵护可能是随意的，所以他们会怀疑自身影响父母的能力。虽然他们仍旧对父母有些依赖，但他们缺少自尊，对自己的价值缺少信心，所以容易被同龄人欺侮。"这些儿童是被欺凌者。

研究人员向我们指出，相比之下，"安全依恋型儿童能够与他人保持距离，既不做欺凌者也不做被欺凌者。"

回头看看自己受欺凌的经历：最先是受两个亲哥哥的欺凌，后来上了小学受同学的欺凌，升入中学后有过之而无不及——可以肯定地说，我是不安全矛盾型或不安全抗拒型儿童。然而，尽管我受到欺凌，而且无法对两个哥哥进行有效的肢体反抗，但是我也不完全是任人宰割的小绵羊。

八年级时，我去了一所新学校里，在那里没人理睬我。这种事情如果你能挨过去，就会让你更坚强。到了九年级时，我已经习惯一个人独来独往了：我自己坐公交车去市里；自己去吃午饭或在商店里闲逛，憧憬着有朝一日能够拥有里面摆卖的东西。我认定，那些所谓的朋友，不要也罢，而且后来我又交了两位新朋友，她们可酷多了。再后来，一些欺负过我的女同学后悔了，甚至向我道歉，想和我做朋友，对此，有时我当场就答应了，有时我要拖一拖她们。

十年级开学不久，我俨然成了一个特立独行的"名人"、一颗"自由的灵魂"。开学第一天，我认识了塔比瑟（Tabitha），她是新来的学生，后来我们成了最要好的朋友。很快，我们就开始彼此交换衣服穿、放学后去她家里玩。

第二年，塔比瑟与我开始和另一个女同学玩，她叫辛迪。我们三个人一起逃课，坐着辛迪的车转来转去，听着摇滚乐队齐柏林飞艇的歌。我们会去找一些以前的老朋友，其中有一个小混混名叫斯科特。他看着你时，仿佛他的心中只有你，但转眼就把你的名字记错了，所以，尽管我对他有好感，但实际上已经拒绝过他几次了。我想，虽然我渴望得到别人的关注，但我更渴望得到别人的尊重。

虽然我和斯科特不是恋人关系，但当他从警察局给我打电话，要我溜进他家里，把他弟弟克里斯的出生证偷出来时，我还是痛快地答应了。他解释说，他开车时不知为何被警察拦下了，他不想因为以前的罚单蹲监狱，所以就撒了谎，说自己没有身份证，还说自己叫克里斯。可我猜他是害怕为以前的某种不法行为蹲监狱，所以才撒谎。总之，他需要身份证明，所以就打电话给我了，我说"好"。于是，他在电话里小声向我交代了去他家偷出生证的办法。做一个值得依赖、有求必应的人物，真让人激动。我和辛迪去了斯科特家，然后辛迪在前门想法拖住斯科特的家人，而我偷偷地从车库溜进屋中，按照斯科特所说，顺利地找到了标有克里斯名字的文件。我听到斯科特的母亲隔着前门和辛迪对话，于是我拿起文件，顺着原路又溜了出去。

就这样，一个青春期少女的冒险经历在短短的一天内就实现了。

我为什么心甘情愿地做这么荒唐的行为呢？我想，这种行为是一个孩子甚至是一个正常人成长的必经之路，但那时候我总爱比其他孩子冒更大的风险，时至今日，我一直想知道这是为什么。父母离异的并非只有我一个人，向社会底层流动的也并非只有我一个人。所以，应该还有其他方面的原因，而从那时起，年少的我就想了解这些原因。

高中时，我不招人喜欢，并且叛逆，上学总迟到，时常缺勤。我记得有一次上语文课，我站在全班同学面前讲述《摩尔·弗兰德斯》（*Moll Flanders*）这本书的故事情节。虽然明显可以看出我没有读过这本书，但我还是镇定自若、眉飞色舞地胡说一通，逗得全班同学哈哈大笑，语文老师同样忍俊不禁，最后居然手下留情，给我打了 75 分，这在我的成绩单上是较高的分数了。

那时，我对未来的打算是在餐厅做全职女服务员，写诗歌，也许再生个孩子。

后来，高中最后一年将近期末时，有一天上社会课，一个特别机灵又对我有好感的男生和我坐在教室后面，问我要去哪所大学。我说：“哪也不去。”我没有说假话，那时，我还没有向任何大学报名。他说："你应当试试安提阿学院。"

我问他，这所安提阿学院是什么样子的，还说我可进不了一所正规大学。

"他们肯定会录取你的，"他说，"你认真写一篇论文就够了。"

安提阿学院位于俄亥俄州。我提交报名材料后，母亲开车送我到俄亥俄州，我们在那里住下，用一周的时间熟悉校园的环境。如果在路上遇到我们两人都喜欢的油炸食品店，我们就停下来，尝尝煎蛋和无比松脆的煎土豆饼。到了校园，我在招生办公室参加了面试。女考官对我说，我的学习成绩确实乏善可陈，但是我写的论文太棒了，他们赞不绝口，所以他们愿意破格录取我。于是，我当场就被录取了。

那篇论文讲的是我的母亲及我们母女的关系，以及虽然我对诸多事情感到愤怒，尤其对母亲就是不能理解我而感到愤怒，但我仍然可以感到我们母女之间的深厚感情。

我记得自己甚至用了"依恋"这个词。

第 24 章

有时，我会和其他孩子的母亲聚一聚、聊聊天，听她们回忆自己的童年和青春期往事，如溜出家门、被父母抓住、关在家里、抽烟等。这些母亲似乎都在想着同一个问题，那就是她们的孩子要走多少人生弯路，以及为了与众不同、叛逆和认清自己，这些孩子要付出多大的代价。这些母亲认为，她们的孩子一定会出现青春期叛逆、愤怒、不服管教等问题，就像当年她们自己在青春期的样子。她们还害怕孩子在逐渐成长的过程中，会与她们渐行渐远。

这些也是我害怕的问题。

然而，更让我害怕的是，阿嘉丽娅会和我渐渐趋同、按照我的模子成长下去，这是我一直未曾说出口的忧虑。晚上，我们母女二人依偎在一起，看电视上的创业真人秀节目《鲨鱼坦克》（Shark Tank）。阿嘉丽娅让我帮她挠痒痒，我轻轻地为她上下挠了挠胳膊。我低头看着她，她一脸轻松地看着节目里一个笨嘴笨舌的创业者想要说服一个趾高气扬的亿万富翁给他一个机会，而我想要感受她心跳时的活力，我还想感受她心碎时的痛苦。她看上去那么镇定、那么安静。"你的内心和你的外表一致吗？"我在心中默默地问，回想往日她那些波动的情绪、那些被我看穿的小谎言、流下的那些眼泪、喝柠檬汁的样子，那些傻乎乎的拼写错误和渐渐崭露头角的特长。

"你究竟有多少秘密没有告诉我？"

自从我发现自己怀上阿嘉丽娅、认识到自己将要做一个母亲时（更确切地说，认识到自己已经是一个母亲时），我就开始忧心忡忡地过日子：我担心自己会呕吐；担心胎儿出现遗传缺陷和畸形；担心分娩过程；担心转天又是一个不眠之夜；担心阿嘉丽娅的小脑袋磕到火炉四周的石头围挡；担心自己的健康和心脏。

然而，最让我担心的是有朝一日阿嘉丽娅长成了我的样子。我不是说她的头发、眼睛长得和我的一样难看，也不是说她的数学成绩和我的一样差，而是说她的感受与我的一样凄苦、她的为人与我的一样差、她的自我评价和我的一样低。

可是，我的自我评价确实如我所想的那么低吗？

此外，我还担心她会离开我，正如我离开我的母亲那样。

可是，我确实如自己所想的离开了母亲吗？

青春期的时候，我决心要尝试一些非法和危险的事物，所以，我时常向母亲说谎并躲避她。多年以后，她对我说，我在 16 岁时突然变得"特别羞赧"，突然不愿意在她面前换衣服了。而且，虽然我们母女二人共用一个卫浴间，但是我不愿意和她一起冲淋浴了。其实，这是因为那一年我在背部做了一个文身。

虽然我的所作所为让我感到快活，但是，母亲为了养育我们这几个孩子含辛茹苦地操持家务，为我们营造出一个温馨的家园，而我居然对她说谎、做一个两面派，这又让我始终感到内疚。

16岁那年，我在偷一条香烟时被抓住了。那次，我在一家大型超市的货架之间走着，看四下无人，就抓起一条香烟塞在大衣下边。当我从出口走出去时，一个店员模样的人把我拦下并说"女士，请跟我来"。原来他一直在盯着我。我在超市的办公室内假装哭鼻子，然后给母亲的一位朋友打电话，她知道如何联系上我的母亲。那天母亲正在露天酒吧里，她常去那里和着老歌跳舞。开车回家的路上，母亲一直在生闷气，可以看出来她很忧虑，但又不知所措。突然，她对我大喊："你得戒烟！"之后，她又沉默下来，我一言不发地坐着，但我们仿佛都在偷偷地笑。

然而有一次，我喝了半斤薄荷味烈酒之后，吐了一整晚，她没有笑。她坐在我身边，没有问东问西，而是用毛巾沾了冷水，放在我的额头上。

母亲悉心照料我，这让我感到特别内疚，因为我不仅喝了太多酒，而且当她问及酒的来源时，我明目张胆地对她说了谎。16岁时，我已经到了不知羞耻的地步，而且不妨这么说，我不但在生理上发育得较早，而且在骗术上也愈发高明。所以，那时我可以大摇大摆地走进烟酒店，拿上两瓶酒径直走向柜台，或者直截了当地让服务员给我拿一些限制购买的商品，然后结账走人。虽然有时服务员可能会怀疑，认为我没到 21 岁，但为了寻求刺激我去了很多家店，从未有人要我出示身份证。

然而，一天晚上，我本以为母亲在外边跳舞，她却提前回家了，结果我和朋友一身酒气并被她逮个正着。母亲严厉地问我，酒是从哪来的；我面不改色地编了一个故事，说有个朋友的姐姐遇到了不幸的事，所以，尽管我们厌恶喝酒，但不得不陪着朋友借酒浇愁。我挤出了几滴眼泪，又添枝加叶地说了很多细节，让我编的故事听上去确凿无疑，母亲居然深信不疑，而且为我们感到难过。

至少她让我觉得，她为我们感到难过。

2018 年 1 月，《纽约时报》刊登了一篇文章，介绍关于儿童欺骗行为的研究成果。研究人员发现，善于说谎的孩子在"心智理论"中得分较高，心智理论是个体了解自身并观察他人感受的能力。心智理论与心智化概念密切相关，而这种特质与安全型依恋之间存在极大的关联。

鲍尔比早期发表的关于 44 个未成年小偷的文章之所以具有历史意义，是因为这篇文章提出，儿童行为与亲子情感之间存在直接关联。文章指出，研究中大多数少年犯都曾与母亲分离较长时间。也就是说，虽然当时鲍尔比及安斯沃斯等人都还无法解释其中的原因，但他们已经知道，如果替代父母者所做的，只是把这些儿童喂饱，那么替代父母者并不能让这些儿童在情感上和心理上健康成长。这些儿童之所以遭受心理创伤，不是因为依恋对象对他们喂养不周，而是因为他们与依恋对象之间缺少亲近，或者按照后来安斯沃斯的命名，是因为依恋对象给予他们的"呵护总量"太少，而这又是因为依恋对象已经给我们留下了印记，我们急不可耐地要与依恋对象在一起。后来鲍尔比很快就发现了这个原因。那些少年犯与依恋对象分离，又没有人取代依恋对象的位置，所以才导致他们遭受心理创伤。他们每一个人都是一个残缺不全的整体，被悲伤毁掉了。

依恋研究者玛琳·莫雷蒂（Marlene Moretti）和玛雅·佩莱德（Maya Peled）写道，"对非临床样本（即'正常'儿童）的研究表明，安全依恋型青少年出现过量饮酒、吸毒和高风险性行为的概率较低。"另一项研究表明，"不安全型依恋与自杀、吸毒、攻击性犯罪行为有关"。依恋研究者约瑟夫·P. 艾伦（Joseph P. Allen）及其同事是这样说的，"安全型依恋与个体在青春期中的一些表现之间存在正相关，包括个体受同龄人喜爱、自尊程度较高等；同时，又与个体在青春期中的另一些表现之间存在负相关，包括抑郁、青少年犯罪行为等。"同龄人不太喜欢我，同时我的自尊程度又很低，而且虽然我没有真的患上抑郁症，但我也算得上一个少年犯，是不是？

然而，我并没有与母亲分离，至少没有从空间上分离。

艾伦·苏劳菲及其同事将鲍尔比对依恋系统的定义进一步细化，认为既定目标不仅需要空间上的亲近（如灰雁雏鸟紧紧地跟在母灰雁身后），而且需要"感到安全"。也就是说，仅仅与依恋对象待在一起是不够的，我们还需要"感到"自己和依恋对象待在一起。

这样看来，也许是因为我没有"感到安全"，所以我属于不安全型依恋关系，所以才出现了少年犯罪行为？

也许是这样，但我了解到，对于青少年犯罪行为的严重程度，我们不能一概而论。犯罪行为出现在青春期开始之前的情况，比之后出现要严重得多，而我的犯罪行为出现在青春期之内。其次，青少年犯罪行为如果在青春期之内就结束或者在青春期刚刚过去时就结束，那么就更不需要担心，我的犯罪行为就是在青春期刚刚过去时就结束了。最后，出现较晚的青少年犯罪行为不具备恶劣性质，几乎可以视为正常行为。"有研究人员提出，大多数具有犯罪行为的少女，其犯罪行为仅出现在青春期之内……研究人员还提出假设：第一，这些少女的童年时期没有危险因素；第二，这些少女曾接触社会危险因素，如依附于变态的同龄人；第三，这些少女在向成年期过渡的过程中，会摒弃其犯罪行为。"

我的青少年犯罪行为无疑是危险的，但肯定属于"涉猎"型，而且"童年时期没有危险因素"。

那么，那时我到底遇到了什么问题呢？

从表面上看，我做出了很多青少年犯罪行为，属于严重的不安全型，这一点毫无疑问，但在内心中，是什么让我做出这些行为呢？我想通过这些行为实现什么目的呢？我承认，有时我确实想要变得麻木、耍酷、让自己变得强大，但在我的内心深处，我想要全身心地为我的青春岁月建立一份情感联结，因为在那些日子里，家庭似乎没有让我感受到多少愉悦和情感联结。事实上，我时常能够如愿建立一份情感联结。如约瑟夫·艾伦及其他合著作者所说，"安全型青少年形成的关系'往往既具有自主性，又具有相关性'，他们将这些关系作为自己的安全基地，进而去探索世界，而且他们会在各种关系中做到这一点。"

一些女同学曾经欺负过我，后来我想办法和她们拉开距离，上高中时又和她们成了好朋友。我喜欢试探边缘状态和黑暗，但我最为珍惜的，是快乐的生活，所以当我不再喜欢某样东西时，我会放手，至少通常情况下我会放手。

查尔斯曾让我欲罢不能，以至于痛不欲生，但我熬过来了。

两个哥哥欺负我的时候，虽然我过于弱小，没有能力反击，但是我知道他们是错的，他们不应当那样对我。他人让我失望时，我会反击，至少我会想办法反击。我相信，他人不应当那样对我。

是否有某种力量发挥了作用？

如果有，那么一切就顺理成章了。童年时期缺少快乐，青少年时期表现糟糕，步入成年期后陷入爱情和情欲之中不能自拔，为人父母后内心苦苦挣扎，这一切都表明，我在婴幼儿时期属于不安全型依恋关系。在我得知依恋理论之前就一直认为，自己的生活之所以一团糟，背后一定有什么原因，而且这个原因一定源自我的童年，这时我就会想起卫浴间的那一幕。"别！叫我妈来！"后来，得知依恋理论后，我想，"也许这和虐待无关，而和依恋有关。也许因为我不属于安全型依恋关系，所以我才感到受到了虐待？"

同时，品味着自己的美好生活，我在想，自己曾遭受如此多的拒斥，究竟靠什么力量坚持下来并表现得如此从容镇定？是我运气好？还是说，一切不幸都是我臆想出来的，也许我的状况并没有我想象的那么严重？我的生活之所以没变成一团糟，背后一定有原因。也许这和依恋有关。毕竟，研究表明，个体在童年时期形成安全型依恋关系后，往往不会遭受各种风险和负面经历，但是，我想说的重点是，安全型依恋关系会保护我们，无论生活中发生什么事情，无论我们做什么决定，我们都不会受到伤害。

接下来，坚韧该出场了。

如莫雷蒂和佩莱德所说，"如果父母与孩子同频并给予孩子适当的回应，那么亲子之间就能形成安全型依恋关系，属于这一类型的孩子认为自己值得他人呵护，而且有能力掌控环境。"如苏劳菲及其同事所说：

> 在我们看来，在（青春期）这一充满挑战的时期，一些个体能够顺利成长，另一些个体却跌跌撞撞，其原因在很大程度上源自他们的个体发展史……个体认为自己有内在价值，认为自己与他人存在情感联结，认为面对困难时他人会帮助自己，这些基本感受始终是关键因素。

也就是"叫我妈来！"

毕竟，我坐在浴缸里时，这句话脱口而出。那时我需要她来帮我，而且我相信她会来帮我。

那股一直保护我的神奇力量，就是安全型依恋关系吗？

真的是这样吗？

我曾不知疲倦地在烟、恋爱关系和友谊中寻觅情感联结，难道这表明，先是在我和母亲之间，而后在我和朋友之间，甚至在我和我自己之间，某种力量发挥了作用？我坚决要感受到自己与他人之间存在情感联结，难道就是如苏劳菲及其同事所说，是"个体发展的成功"，而这要归功于我与母亲之间的安全型依恋关系？难道它就是那股神奇的力量，在那些年里始终保护着我，尽管我历经孤独的童年、苦恼的青春期、欲罢不能的亲密关系与爱情、养育女儿的痛苦，但仍然没有被黑暗吞噬？

也许就是它一直在保护着阿嘉丽娅，在我苦苦挣扎、徘徊于黑暗的边缘时，在我探索中间地带和深渊的尽头时，在我拼命挥舞着四肢、竭尽全力不让自己沉沦时，简言之，在我彷徨时，不让阿嘉丽娅受到我的伤害。

第 25 章

一天夜里，阿嘉丽娅在婴儿床上哭闹，赛耶去安抚她。我躺在床上，听到床头监控器里面她喊道："不！我要妈妈！"

我一下子坐了起来，对自己所有的认识产生了怀疑。

第七卷　缓缓陷落

A THING
TO SLIP
INTO

面对人口众多、关系复杂的大家庭，这位家庭主妇展现出了超凡的胜任力与平和的心态，我们倍感钦佩。家里吃的饭菜都是她亲手种出来的；孩子穿的衣服许多都是她亲手做的，新近她又添置了一台缝纫机，简直如虎添翼……在她眼中，每个孩子都是不可多得的、独一无二的……而且她有时间从容不迫地和我们交谈。

——玛丽·安斯沃斯，《乌干达的婴幼儿》

第 26 章

在 1963 年玛丽·安斯沃斯提出陌生情境"这个事儿"以后，依恋研究领域最为重要的进展出现在 1985 年。那一年，安斯沃斯的学生玛丽·梅因及两位依恋研究者南希·卡普兰（Nancy Kaplan）和朱迪·卡西迪（Jude Cassidy）发表了一篇文章，文章题为《婴儿期、童年期和成年期的安全感：升华到表征层面》（Security in Infancy，Childhood，and Adulthood: A Move to the Level of Representation），全世界由此认识了"成人依恋访谈"。这篇文章具有开创性，它是现代依恋研究工作的转折点，在依恋领域研究文献中被引用近 7000 次。

在此之前，由于个体的依恋系统是一个看不见摸不着的内在构想，所以，为了认识它，研究人员只能分析外部可观察的信息，如个体在家中、在社会中、在实验室中表现出的安全基地行为。但随着这篇文章的主题——成人依恋访谈的问世，研究人员能够揭示出个体的内在，那里可能保存着翔实的信息。

玛丽·梅因是玛丽·安斯沃斯在约翰斯·霍普金斯大学带领的

一名研究生，她与导师安斯沃斯一样，拥有语言天赋。2岁时她就能"写下一些特别有趣的句子"，10岁时她已经在父母的引导下接触了哲学的基本知识；而且她在马里兰州安纳波利斯市的圣约翰学院上大学，这座闻名遐迩的高等院校用经典著作来教学。报考研究生时，梅因曾考虑去音乐学院学习弹钢琴，但她早先读过诺姆·乔姆斯基（Noam Chomsky）的作品，对语言学抱有很大的热情。乔姆斯基出生于1928年，比玛丽·安斯沃斯小15岁，在许多领域都很知名。例如，他是政治和文化领域不良现象的猛烈抨击者；在学术界，他的最大贡献是提出了普遍语法这一革命性的理论。他认为，所有人类语言都遵循一些同样的规律，但大多数人无法把这些规律表述清楚，甚至完全认识不到这些规律，这一点很像依恋模式。

最终，梅因申请了约翰斯·霍普金斯大学的语言学专业，但由于圣约翰学院按学生在课堂讨论中的表现为学生评定成绩，而梅因很少在课堂讨论中发言，所以她没有被约翰斯·霍普金斯大学的语言学专业录取。然而，这所大学的心理学系有一位教授，当时在斯坦福大学休假，她发现这个学生虽然成绩很差，但很有前途，于是就找到了梅因。这位教授就是玛丽·安斯沃斯。

玛丽·安斯沃斯告诉梅因，心理学系可以录取她，但条件是梅因要以依恋为研究课题。梅因认为这件事情"极其没有意思"，但当时她的丈夫建议她说，她可以通过任何视角来研究婴幼儿，包括语言的视角，于是她听从了丈夫的建议，接受了安斯沃斯的条件。梅因见到安斯沃斯后，仍然没有提起兴趣。"她55岁，很像一位高中校长。"就这样,梅因排在西尔维娅·贝尔之后,成了玛丽的第二个研究生,在随后的多年中,这师徒二人成了关系紧密的朋友。

梅因在 1973 年完成论文研究,研究对象为 50 名幼儿,他们都曾在 1 岁时参与过陌生情境实验。该项研究发现,"与母亲形成安全型依恋关系的幼儿在探索过程中最为专注、探索过程最为持久,而且这些幼儿表现出的'游戏精神'最为明显。"后来,玛丽用"游戏精神"这个词来和梅因打趣,那是在一场填字游戏中,玛丽和梅因僵持不下,而梅因逐渐失去了斗志,玛丽对她说:"请问对方选手,你的游戏精神去哪了!"

这项研究结束后,梅因已经完全投入依恋研究领域了。在约翰斯·霍普金斯大学获得博士学位后,她受聘在加利福尼亚大学伯克利分校心理学系任职。1979 年,她开展了一项研究工作,即今天我们熟知的伯克利纵向研究。该项目长期研究了旧金山湾区 189 个"低风险"家庭,并在项目初期对家庭中的婴幼儿进行了陌生情境实验。6 年后,梅因和团队成员将这些 6 岁儿童请到学校的游戏室,利用有关母婴分离的故事对他们进行依恋评估;同时,梅因将这些儿童的父母带到另一个房间,了解他们的童年经历。研究人员对他们谈论自身童年的方式——区别于他们谈论的内容——认真进行编码。研究人员注意观察这些家长讲话时是否有条理、语言是否新鲜而没有套话、讲述细节是否一致且具体、有意思的情节是否不太多也不太少。研究人员还会观察这些家长是否与自己的父母存在身份认同感,这种感受是否平和而不会牵扯出对往事的愤怒、怨恨或完全回避这个话题。

研究人员根据这些观察结果，对这些家长的谈话记录进行分类，确定其成人依恋模式。与安斯沃斯提出的婴幼儿依恋模式非常相似，成人依恋模式也分为安全自主型（类似于安全型婴幼儿）、不安全焦虑型（类似于抗拒型婴幼儿）和不安全回避型（类似于回避型婴幼儿）。父母的成人依恋模式与儿童在 6 年前所做的陌生情境实验结果的相关性为 75%。

难以置信。

我第一次听到这个比例时大为惊讶。正是这个数字让我在过去的 10 年中沉迷于依恋领域。至今，这个数字已经得到反复验证，霍华德·斯蒂尔和米莉安·斯蒂尔甚至认为它具有预测性，也就是说，早在孩子出生之前，我们就可以根据孩子的主要照料者的成人依恋访谈结果预测孩子的依恋模式，准确率可以达到 75%。

当我们谈论依恋时，能够发现如此有力、预测的准确率如此高的东西，简直是奇迹。一些研究者称之为"依恋研究领域最为有力的研究结果"。依恋模式的代际传递"已经在各类人群样本中得到复制，包括中产家庭……经济社会地位较低的家庭……青春期怀孕的少女……西欧文化、日本文化和中东文化"。艾伦·苏劳菲和丹·西格尔曾在 2011 年共同撰写过一篇文章，文章标题为"定论在手"(*The Verdict is In*)。依恋模式的代际传递，其原理并不浅显，性质也非宿命论，它是真实存在的。

从最基础的层面讲，成人依恋访谈和陌生情境实验都体现了有因必有果这一自然法则。玛丽·安斯沃斯在研究中证明，一种行为可以产生多种结果，正因如此她才坚信，我们应当关注的不是父母按照一个提前列好的清单逐条地完成特定的照料行为，而是父母要与孩子同频。例如，大多数人认为，给孩子读书听是一件有益的事，而且是不可能有弊端的。然而，我们仔细想一下就会发现，如果在孩子因为饿了而哭闹时给他读书听，和把他喂饱并等他睡醒后有了精力再给他读书听，是完全不一样的。

一种行为一方面能够安抚孩子，另一方面却与孩子不同频。

这就是问题的症结所在。我们做的每一件事情都有因果，因果循环就形成了我们的依恋模式和其他规律。

鲍尔比说过，依恋模式同样在早期生根，直至根深蒂固，难以改变。他是这样说的："随着个体逐渐成长，易变性降低；有益的也好，无益的也罢，只要是仍然存在的依恋模式，就会越发地难以改变。"

无论是正面的还是负面的，只要是强烈的依恋体验，就可以改变个体早期形成的依恋取向，如一段爱情、一个给个体造成创伤的事件，但毕竟积重难返，而且随着个体的成长，早期形成的依恋模式只会越来越难以改变。如苏劳菲及其同事所写，"适应是历史累积和当前条件两方面共同产生的结果，一直都是这样。当前的困难或帮助会影响个体的功能，甚至可能改变个体已经形成的适应模式。同时，新的体验产生的影响受个体的期望和能力的调节，而个体的期望和能力是由过去的经历产生的。在新的背景下，个体有可能做出根本性的改变，但过去的经历是无法被抹杀掉的。"

第 27 章

上一次我参观斯蒂尔博士的实验室，即人生中第一次现场观看陌生情境实验，已经是几年前的事情了，这次我来见他，是为了给自己做成人依恋访谈。由于时间比较充裕，在进入实验室之前我走进一家老服装店，室内开着空调，可以吹吹冷风。这家服装店与依恋研究中心相隔不远。

我的母亲很喜欢讲我小时候的一件事。那是我 5 岁时，有一次她带我逛服装店，发现我快速地翻拣衣架上的一排女士服装，"简直像一位专业人士"。母亲一边讲一边模仿我的动作，假装将面前不存在的衣裳一件件地拨到衣架的一边，笑着说"当时她可认真了"。想想小小的我站在高大的衣架前，想要找一件衣服钻进去，那个场面一定很有意思。

这个故事我已经听了很多遍，当 40 多年后，我站在那个老服装店里，面对着衣架上挂着的 20 世纪 50 年代款式的裙子发呆时，甚至可以感受到当年那个小女孩的身体。有两件裙子款式不错，不长不短、朴素、漂亮。我站在两排衣架之间，把每件裙子搭在身上看一看效果，想象穿上后的样子、该配哪双鞋、穿这种装扮的感受及是否合身。我发现一个问题，我的腰比以前粗了，也比我心里想象的粗了，所以我总是拿错衣服的尺码。于是，那一年，47 岁的我不得不改变自己过去看待事物的方式。

我走到另一侧去看看儿童服装，发现一些南美洲风格的带刺绣的上衣，很漂亮，有阿嘉丽娅能穿的尺码，我在想，她愿意穿吗？在判断她这种小女孩的体型和尺寸大小方面我完全没有问题。

我发现自己要迟到了。于是，我把衣服放回原处，走出商店，来到阳光明媚的户外，沿着第五大街的便道去看看我是哪种类型的母亲。

这次再见到斯蒂尔博士，我已经不再是第一次来访时的我了。那时，我只是对依恋感到好奇，要写一本与依恋相关的书，所以来观看陌生情境实验。那次参观结束后，我去夏洛特维尔市调阅玛丽的档案，在那儿见到了鲍勃·马尔文，然后在明尼阿波利斯市参加了艾伦·苏劳菲举办的陌生情境实验培训课程。米茜的小纪录片我已经观看了几十次。那时，我把玛丽·安斯沃斯的一张模模糊糊的黑白相片设为手机屏保，并一直沿用至今。这张相片是她在乌干达拍摄的，她坐在一个家庭的门廊上，两个小女孩坐在她面前的地上，穿着白领子的裙子，玛丽穿了一件比较妩媚的低胸裙子，头发梳在脑后；她戴着眼镜，因为身处热带，所以她没有化妆，胳膊下夹着皮包，我想里面一定装着她的相机、糖和笔记本。

那时，阿嘉丽娅刚刚升入六年级。前些年很难，但我总算熬过来了，阿嘉丽娅似乎真的很快乐，这让我感到惊讶，更感到安慰，她真是我的愉悦之源！她很喜欢去学校，爱看电影《正义联盟》（*Justic League*），仍然喜欢假扮角色游戏，可以一连玩上几个小时，十分投入，玩具人物、天空、一面镜子等，什么道具都可以。

我和阿嘉丽娅仍然一起坐火车进行"母女游"，有时她没有我想象的那样兴奋，我仍然会感到气馁；她的性情平和，有利有弊。放学时我去接她，她会给我讲一天中发生的事情，包括一些让她开心或不开心的小事（但总是波澜不惊）、周围人的穿着、她吃了多少午餐、课上老师对她和其他孩子的态度。白天，我感到我很了解她，但到了晚上，我们依偎在一起，她的小手搭在我的腿上，我仍会想，在乖巧的外表下，她在想什么，于是我就开始担忧。

阿嘉丽娅总是有一点过于惦念我，甚至心心念念地想着我。同时，她的小伙伴们都认为她是个"老好人"，她总是向别人示好。我想，这可能是因为在家中她总是要讨好一个比较严肃的母亲。

这些日子，她对我甚至对赛耶越来越爱发脾气，但她从来不愿意离开家太远，也不愿意离开家太久，当然，从安全基地的角度看，这让我有点担心。然而，去年夏天，她第一次愿意去参加过夜露营，而且她选了一个专为爱写作的小女孩组织的露营活动。很明显，有些特质是通过代际传递的，其中一些是显性的，而另一些是隐性的，而我需要多了解隐性的特质。

斯蒂尔博士对我说，访谈可以开始了。这时，我感到紧张。毕竟，是我自讨苦吃要做这场折磨人的谈话，不只是要更深入地了解自己，而是要更深入地了解阿嘉丽娅和我之间的母女关系，要窥探我的认知边界以外的信息。我甚至还没有考虑过我和我的母亲之间的代际传递问题。阿嘉丽娅看上去确实像安全型，但我觉得我自己不是安全型，而且我认为我的母亲肯定也不是安全型。所以，如果依恋理论是正确的（我坚信这一点），而我又属于75%的可预测模式的大多数人，那么我很快就会发现，我是不安全型，而这将动摇我对阿嘉丽娅的推断。

事关重大。

我想要安慰自己。我想，依恋类型是可以改变的，一个人的依恋模式属于不安全型，也绝不等于这个人就被判了"死刑"。我在心里想，无论访谈结果是什么，阿嘉丽娅依然是那个调节得当、快乐的孩子，这一点不会改变。然而，什么会改变呢？我不清楚。

我跟随斯蒂尔博士走过狭窄的过道，来到一个没有窗户的房间，里面有两把椅子和一盒纸巾，我坐了下来。我感谢他愿意为我做这次访谈，而且对他说，我知道，完成成人依恋访谈后并告诉受访者其依恋模式，这不是常规做法。

他沉稳地笑了笑，把手机放到位，准备录视频。我们说了一下当天的流程——访谈的过程，访谈结束后我可以离开几个小时，在这期间他会把谈话逐句记录下来并编码，然后我就可以回来听结果，他还会给我反馈一些"保密信息",并且我可以带走这些信息。

因为先前我已经阅读了关于成人依恋访谈的大量文献,所以我知道,这些前期准备结束后,他马上就会让我描述家庭的基本构成,然后我要用5个形容词来描述我的母亲,再用5个形容词描述我的父亲;接下来,他会为我复述一遍我刚刚选的形容词,然后要我为每个形容词提供一些相关细节和证据。我知道,我是否能够流利地讲出确凿、"新鲜"(而非套话)、前后一致的细节,将是他在结束访谈后为我评定依恋模式时会考虑的因素。

我还知道,虽然我对这些问题有所准备,但成人依恋访谈看重的是语言规律,而语言规律是无意识的,所以想要在访谈中作弊是浪费时间。我认为我的访谈结果不会是回避型,但我害怕自己是焦虑型,那样的话我会感到特别尴尬,仿佛我对依恋科学投入的巨大热情恰恰证明了我的依恋是不安全焦虑型。然而,我信任成人依恋访谈这个测试,而且我想知道真相。

你能不能讲一讲小时候家庭成员的情况?

这家依恋实验室位于纽约市,从我所在的房间看,过道的另一头就是陌生情境实验所在的房间。坐在这间成人依恋访谈室里,我终于成了这个故事的一分子。对我进行访谈的,显然是鲍尔比和安斯沃斯创建的依恋大家庭的第二代传人,但完全可以说坐在我对面的就是安斯沃斯博士本人,她一根接一根地吸着烟,问我是否喜欢母乳喂养带来的快乐,我的确喜欢母乳喂养带来的快乐,而且非常喜欢这种快乐。

就这样,在那个炎热的9月里的一天,我坐在那个小房间里,考虑着如何回答成人依恋访谈中的 20 个问题。时光倒退 40 余载，如果我的母亲和我在巴尔的摩或其他地方接受陌生情境实验，玛丽·安斯沃斯观察我们母女二人如何应对母婴分离和母婴团聚，也可以得到成人依恋访谈的这 20 个问题的答案。斯蒂尔问到我童年早期的关系，问题本身是开放性的，而且让我有些紧张，我搜索记忆，尽可能地回忆起所有细节。我发现，虽然对母亲说谎很简单，但实事求是地讲述她的事情却很难。

然而，我还是尽了自己最大的努力提供最翔实的信息。

起初都是关于我和父母之间关系的泛泛的问题，相比之下，接下来的问题深入了一些。虽然我了解访谈方案的大意，但这些问题还是对我产生了预期效果，"要求受访者连续、快速地发言，不给受访者思考如何应答的时间。"后面的问题是，早期与父母分离时、患病时、失去亲友时、被拒斥时、"受挫"时，父母是如何回应我的；而后斯蒂尔又问，"你刚刚提到，你感到自己在生病时母亲对你很关心。你能不能举一个例子？"

八年级时凯特给我打电话那天我躺在沙发床上，那个沙发床就是母亲给我铺好的。母亲出现在我的脑海里，她把我的被角掖好，而且给我加了一层阿富汗毛毯。她还为我端来一杯姜汁汽水，她的手指纤长，涂了指甲油。我记起现在的家中的书桌上有一张卡片，那是阿嘉丽娅写给我的，上面写道，"亲爱的妈妈，我特别爱你，我生病时你一整晚都没有睡，我特别特别爱你！"

斯蒂尔博士偶尔会露出微笑，或者略微扬起眉毛并点头示意，但总体上我是孤立无援的，用自己的故事填充整个房间——空间和我自己。把自己的早期生活经历讲给他人听，即便所讲的事情都是已知的，那种感受也让人无法坦然面对，即便已事先在心里排练多次，也无济于事。

我谈了一些事情，如两个哥哥曾经拒斥我、父亲态度冷淡，以及母亲虽然和善，但有距离感。我讲述了自己的孤独感、心中积累的怒气和怨恨、自己的羞耻感；我认为，自己受到两个亲哥哥拒斥，而且被他们拒斥后又得不到保护，这种双重打击和自己的羞耻感有关。我还讲述了青春期时发泄情绪的行为——吸烟、喝酒、学习成绩差等。在访谈的末尾，斯蒂尔问我，是否理解父母在养育我的过程中表现出的行为，我当然回答说理解——我的外祖母情感冷淡，所以，尽管我的母亲想要变得热情些，但外祖母对她的影响太大，终究还是抵不过那些影响，于是她也很冷淡。我的父亲是一个悲情的男人，从未完全达到家人对他的期望。父亲16岁时我的祖父去世，我的祖母虽然聪慧，但心理和情绪上极不稳定，频繁住院接受治疗，所以我的父亲不知道到底应当如何为人父母。一切都是那么符合逻辑。

访谈结束后，斯蒂尔博士关掉录制设备，向我微笑致意。我走出实验室，来到阳光明媚的曼哈顿街头，看着周围陌生行人的表情，想要得到一个有关人之所以为人其内涵是什么的提示。我买了一杯咖啡，坐在户外的一条长凳上，看着来往的出租车、如织的行人，他们也许彼此是家人、同学、恋人或朋友，他们形影不离，各自呼唤与回应着，寻找与发现着，千姿百态、令人赞叹。

第 28 章

我从斯蒂尔博士那里收到自己的成人依恋访谈结果两年后，有一天，我让阿嘉丽娅暂住在赛耶的父母家里，然后和他一起参加斯蒂尔夫妇开展的成人依恋访谈培训课程，课程为期两周。斯蒂尔夫妇新近向玛丽·梅因学习了如何培训成人依恋访谈的编码员，于是我们报名，成为他们招收的第一批学员，我们感到很兴奋。在那两周的时间里，每天我们都坐在新学院的一间教室里，和一些研究生、临床医生共同认识访谈记录并学习如何对访谈记录编码。编码方法由玛丽·梅因提出，无比复杂，相比之下，玛丽·安斯沃斯制定的量表显得很宽泛、也很原始，不过更确切地说，这些量表是基础性的。

所有学员一起从头到尾了解了访谈记录的各部分内容，首先为所谓的"可能存在的经历"进行编码，即对受访者口述的经历进行编码；然后，再为"思维的逻辑条理性"（即对受访者口述过往经历时的方式）进行编码。斯蒂尔给所有学员发了一套彩色记号笔，并教我们使用的方法，访谈记录的左侧列有各种经历，如关爱、拒斥、角色调换、忽视和取得成就的心理压力，对于不同的经历，要用不同颜色进行编码。在访谈记录的右侧，要用另一套颜色表示逻辑条理性，如时间是否一致、时态是否一致、是否切题、叙事是否新鲜并富有见解（是否翔实）。

那时，狂喜之余，我感觉自己好像升入了天堂。

那时我们学习到，安全型成年人在讲述各类经历时，无论是负面经历（如被父母拒斥或父母干涉过多）还是正面经历，都能做到逻辑连贯、条理清晰。回避型成年人往往无法回忆起太多经历，或者经常使用过于正面的形容词把父母理想化，同时又不能提供任何有说服力的事例。焦虑型成年人仍然对过去的依恋经历耿耿于怀、念念不忘，即便在访谈过程中也依然困在过去的伤痛之中不能脱身。回避型成年人和焦虑型成年人都属于不安全型。

从访谈记录的开端、受访者描述亲子关系的 5 个形容词中，我们就可以感觉到受访者是哪种类型。这让我想起自己每学期为几百篇学生所写文章评分的经历，这样工作几年后，我可以从一篇文章的第一行就判断出这篇文章能得多少分。安全型成年人有一个标志，那就是其使用的一组形容词是好坏混合的，他们不会使用过于负面的形容词，因为这表明他可能存在一定程度的焦虑；同样，他们也不会使用过于正面的形容词，即他不会把一种关系理想化，因为这表明他可能在抵挡这种关系中存在的伤痛。

研究发现，成人依恋访谈的依恋分类结果可靠，不受受访者的智商和语言能力的左右，也不受访谈者的左右。即便是表述能力最强、最注重细节、平日里语言最为沉稳的刑事辩护律师，虽然可以将母亲描述为善良、关爱、温暖、有趣，但也有可能无法回忆起相关细节，而且在叙事时可能会重复，或者提供风马牛不相及的细节。这标志着个体可能是不安全回避型，表明这位律师的子女很有可能是回避型。玛丽·安斯沃斯在乌干达发现，父母对于自身依恋关系的心理状态，决定了子女的依恋类型，子女长大成人后，这种依恋类型又塑造了这些子女的心理状态，从而影响第三代人的依恋类型，以此类推。

玛丽·梅因的丈夫埃里克·海斯是一位成人依恋访谈专家，曾在《依恋手册》一书中撰文，他举了一个非常好的例子。对于"关爱"这个形容词，3位受访者给出了不同类型的具体说明：

受访者1 怎么说呢，因为那时母亲关心我、鼓励我……我想是，怎么说呢，你知道，那时母亲开车送我去学校，我总是因为她感到特别自豪，我是说，她真的很漂亮，而且她在外貌上花了很多工夫……

受访者2 关爱……那时母亲会为了我和老师评理，或者和同学家长评理，或者……其实她会为了我和任何人评理。也可以这样说，那时，我就是知道我和母亲的关系状态，而且我知道，如果我生气或怎么样了，她会安慰我……

受访者 3　哦，对，有时基本上非常关爱，就像以前的人们那样——哦，我的青春，自从那时起发生了很多变化。我记得我们家，那时我们家很好似的。而且，哦，关爱，现在我爱人很关爱（孩子）——今天晚上他会带孩子去看电影，孩子特别喜欢这部电影，已经等了一周了，哒哒哒哒。

第一位受访者是回避型。这位受访者没有深入挖掘记忆并提供真实生活中的事例来具体说明母亲是如何"关爱"她的，而且停留在肤浅的层面上，继续使用与"关爱"同义的形容词来描述母亲……"关心和鼓励"。受访者无法回忆起具体的事例说明母亲关爱她的行为，同时，受访者不但没有提供详细的个人内心体验，而且讲起了母亲的外貌——"她真的很漂亮"。我们可以感到，受访者提供的具体说明是受限的，是典型的回避型。

第二位受访者的安全感非常强、叙事流利、表达能力较强，而且提供的具体事例较为充分。我们可以感到，受访者能够自由地将自己与母亲之间的依恋关系与具体事例相结合。受访者能够捕捉到母亲关爱她的具体事例——"母亲会为了我和老师评理"，而且她的语言更为流畅，叙事时更为放松。

最后一位受访者在叙事时，时态和时间顺序较为杂乱，所讲的话没有规律可循，自己创造出如"哒哒哒哒"这样的词语。玛丽·梅因提出了很多敏锐的观察结果，其中之一就是焦虑型个体的话语中会带有无意义的词汇。此外，这位受访者也未能对"关爱"提供具体的事例，让人感到这位受访者对过去这段关系念念不忘，仿佛这种关系仍然很活跃，只不过这种关系未经过受访者的心理加工。

判断受访者是否属于安全型，最好的办法就是检查访谈记录中是否有迹象表明，受访者重视依恋关系。回避型个体往往专注于外在成就，如事业上的成就或学术上的成就，或者专注于外貌，如母亲是否美丽，他们会把这些方面的过人之处作为幸福和骄傲的资本。焦虑型成年人时时处于愤怒状态，而且时常"贬损"他人，"贬损"这个术语是指这些个体一贯地贬低自己的依恋对象和依恋本身。他们称自己不在乎他人，也不在乎关系，但他们仍然强调自己特别在乎过去和现在的伤心经历和受辱经历，对这些经历仍然耿耿于怀，感情十分强烈甚至混乱。焦虑型成年人在他人向其表示友好时，可能会予以拒绝，他们会说，关系或与他们关系紧密的人对他们不重要，其深层含义是他们太过在乎，以至于一想到自己可能会再次受到伤害就无法承受。

安全型成年人甚至在被拒绝和被忽视时，也能够坚持下去，而且保持逻辑连贯、条理清晰，他们了解自己的内心，而且重视依恋。相比之下，安全型成年人的访谈记录较为简单、容易理解，内容轻松且体现出一种平衡感。他们的访谈记录表明，他们在意关系，甚至在意不完美的关系；记录中可能会提到与家人度假的时光、对正常关系的正面认识（即便其自身的关系让其失望），而且无论如何被拒绝也想与他人保持紧密的关系。此外，他们的访谈记录中还体现着一个核心信念，即认为自己值得被爱，而且人与人应当在一起，他们认为依恋（虽然大多数人从不使用"依恋"这个术语）是真实存在的。

　　这才是依恋关系中最能说明问题的核心。安全型成年人无论遭受过何种经历，他们都秉持着一个信念，即爱在他们的生活中十分重要，即便他们感到伤心的时候，也依然如此。

第 29 章

我回到新学院，斯蒂尔博士告诉我，从访谈记录看，我是安全自主型。那一刻，我的喜悦之情实在难以言表，我无法镇定下来，实际上，当他交给我一份访谈总结时，我的双手抖得厉害。

他自己也保留了一份访谈总结。他念给我听：

受访者有母亲、父亲和两个哥哥，受访者是家中 3 个孩子里最小的孩子。受访者读一年级时，家里搬过一次家，升入八年级时，又搬家过一次。第二次搬家是因为父母离异，父亲是一位汽车零部件销售商，后来生意倒闭，按受访者所说，他"失去了经济能力"。

受访者说自己有愧疚感，"因为那时我感受不到那种应有的感受"。

母亲非常善于在第一时间给予受访者口头安慰。"那时我感到，自己生病时，她真的非常在乎我。"

兄妹关系对受访者的影响非常大。

念到这里，斯蒂尔抬头看了看我，我没做任何动作。他继续念。

他念到下面这段话时，我的眼圈开始发热，喉咙内有些哽咽，他说："关于难过，受访者讲述了童年时期一个可预测的循环过程，受访者受到两个哥哥欺负并感到难过时，会跑去找母亲，但她的母亲似乎不愿意干涉这类事情，所以受访者习得'向自己找办法'，即向自己的'内心世界'找办法。于是，受访者的内心世界得到发展，变得丰富［从访谈记录看，下一代（即受访者的女儿）也是这种情况］。"

后面的总结更让我感到糊涂：当年我把自己锁在卧室里，心底"十分沮丧并责怪两个哥哥和母亲"，而现在斯蒂尔却把这称为一项"适应性策略"！

泪水开始划过我的脸庞。我伸手拿过一张纸巾，斯蒂尔继续念道："总体上，受访者叙事均衡，有自己的思考，愿意探究自己的内心、自己的反应和一直以来为了认真养育女儿所做的努力（受访者还意识到，自己养育女儿的方式与当年父母养育受访者的方式一致）。一些怨恨和愤怒持续存在，但大体上受访者意识到这是过去的经历，而且有能力控制自己的愤怒。"

我听着自己的访谈总结，想象着如果对面是玛丽，那么她大概也会这么分析吧。

对于我的头号重要回忆——"我坐在浴缸里，看到父亲把头探进来，我喊道，'别！叫我妈来！'"，斯蒂尔博士的定性让我大为惊讶。

他说："你能从这段回忆中汲取力量。你能说出话来，表明那时你已经有足够的安全感了。"

能从这段回忆中汲取力量？

已经有足够的安全感了？

我？

我的天呀……

从我记事开始，我就给自己灌输自己的受害经历：两个哥哥讨厌我，我可能受到了侮辱，我从来都无法融入他人中间，没有人爱我。此外，在我编出的受害经历中，最为关键的就是卫浴间的那一幕。那一刻，我把父亲当作大反派，这事关重大，影响到我的形象是否渺小、是否无力保护自己、是否害怕世界。原来我之所以向母亲求救，是因为我感觉母亲善良并且能保护我，而不是因为父亲犯了什么罪行并让我害怕。当我认识到这一点后，简直带来了翻天覆地般的变化。毕竟我知道，虽然阿嘉丽娅时常更愿意和我待在一起，但她和赛耶关系最好。这不是说我的父亲能像赛耶和阿嘉丽娅一样与我同频，事实完全相反，但一想到自己汲取了力量——自己不仅没有受到侮辱，而且还汲取了力量——就让我感到整个世界都不一样了。

天呀，一幅崭新的画卷展现在我的眼前！

斯蒂尔念完访谈总结后，我感到如梦初醒。我感到快乐、感动，还有些晕头转向。多年以来，直至那一刻，我一直在孜孜不倦地探究真相。现在，各种全新的认识仿佛衣架上的那排裙子，在我的脑海中快速地掠过。

头脑恢复清醒后，我和斯蒂尔谈了谈该如何看待多年前我向阿嘉丽娅发泄情绪的行为。他提出，在我的安全型的基础上，也许还掺杂了少量的矛盾型，这小部分矛盾型之所以存在，很有可能是因为父亲曾给我造成较为严重的创伤，以及我和两个哥哥之间缺少感情，这可能是我感到愤怒的一个原因。然后，斯蒂尔向我推荐了一些关于青少年犯罪问题的文献资料，这些文献资料表明，如果青少年犯罪行为在青春期开始，并在青春期结束，就像我的情况，那么这种青少年犯罪行为完全是另一码事，而且不需要过于担心；相比之下，如果青少年犯罪行为在青春期开始，而且在青春期结束后仍持续存在，如鲍尔比所研究的少年盗窃犯的情况，那么这类青少年的犯罪行为就严重得多了。

原来我算不上什么"大坏蛋"。

随着自己慢慢地镇静下来，我问斯蒂尔，他认为我在婴儿期是哪种依恋类型，他回答说，"也许是 B1 型，基本上是安全型，但伴有一些回避型。"同样，这个结论我也能理解，因为我与母亲发生身体接触时，会感到特别不自在。一般而言，通过身体接触来表达情感会使回避型父母产生明显的不适感。我知道，母亲受到外祖母冷淡性情的影响，她想通过温暖和亲切的语言予以克服，但我仍然能够感觉到，对此她感到不适。

我可以坐在那里整天整夜地谈论依恋，但和斯蒂尔谈了 1 个小时左右后，我觉得自己该走了。然而，在走之前，我必须鼓起勇气问一个问题，自从 7 年前我在网上第一次看到陌生情境实验后，这个问题便一直萦绕在我的心头，欲罢不能。

当然，我知道，阿嘉丽娅属于安全型的概率很大——有 75% 的可能性，但是我一定要再问一问。我想检验一个理论，对这个理论我已经逐渐产生信任，但我要看到它付诸实践后的结果。

"如果我怀孕了，"我问斯蒂尔，"您认为我的宝宝会是哪种类型？"他思考这个问题时，神情很认真，我感到很满意。他的回答简单明快。"B4 型。"他说。"B4 型。"我重复了一遍。

安全型，性格有一些要强。

我回想起自己在明尼阿波利斯市接受苏劳菲博士的培训，我坐在教室里，抬头看着大屏幕，观察那位愁眉苦脸的母亲和性格要强的 B4 型女儿，在第二次母婴团聚时互相轻轻地拍着对方的肩膀，仿佛彼此的镜像，行动一致，像一个完美的整体。这对母女曾让苏劳菲博士感动得流泪。

我回想起阿嘉丽娅和那个小女孩年纪相仿的时候，她的裙子上系着大蝴蝶结，走路时两条小腿还不会打弯，细软的卷发编成一个小辫子，她是一个那么可爱又任性且需要安抚的小捣蛋；而我呢，对她缺少情感陪伴，有一点情绪化，同时又充满了坚韧的力量。

我忽然意识到，阿嘉丽娅就是那个穿着小运动鞋、号啕大哭的小女孩，而我就是那个穿着运动衣、留着 20 世纪 80 年代发型的母亲。

我们之间是那么相宜，仿佛是世界上最适合彼此的裙子。

第 30 章

完成成人依恋访谈之后，我的感受发生了变化。人生第一次，我开始允许自己继续做原先那个不成体统的自己，那个似是而非的不成体统的自己。至于我的心到底有没有破碎、我到底是否受到了虐待，或者我是否一直完好无损且足够幸福，这个问题曾经使我饱受困扰，但现在看来不重要了。我并不完美，我的父母也不完美，阿嘉丽娅同样不完美，但似乎有某种力量发挥作用了，我自己似乎也发挥了应有的作用。我是奇迹中的奇迹，仿佛第一次母婴团聚中的幼儿，虽然害怕但仍然属于安全型。我镇定下来，继续履行未完的任务：成长并养育阿嘉丽娅。

自从得知自己的成人依恋访谈结果后，我一直感到特别自在，甚至感到骄傲——我属于安全型，阿嘉丽娅很有可能也属于安全型；我逐渐领悟到，我所拥有的心智化的能力，即观察自己的内心、从而观察他人的内心的能力，在我这一生的自我反思过程中发挥了作用。

斯蒂尔夫妇将心智化的能力称为"反思功能"，在整个学术生涯中，他们都在研究反思功能与依恋之间的关系；他们甚至在给成人依恋访谈记录编码的过程中，给受访者的反思功能打分。他们认为，"如果个体的照料者有时表现出恶意甚至频繁表现出恶意，或者如果个体和兄弟姐妹之间出现矛盾，那么个体就会迫切地需要反思照料者或兄弟姐妹的心理，这时个体的反思能力就会得到提升并变得敏锐。当个体即将面对敌意时，能否予以预测并掌握敌方的心理，可能对个体能否生存下去具有重要影响。"

我的反思功能比较强，这样看来就完全讲得通了。

然而，有一个小小的漏洞，让我难以安心。

在有关成人依恋的文献中，有一类安全型成年人——F3B型，这类人群被称为"获得性安全型"。这种依恋类型很少见，个体曾在童年时期经历了许多逆境，但成年后变为安全型。研究人员认为，这类个体在婴幼儿时期和童年时期属于不安全型，但在成长的过程中，通过心理治疗、恋爱或心理练习得到治愈，变为安全自主型。那时我在想，自己是否是这种类型？

获得性安全型的问题在于，在现有的纵向研究中，将个体在婴幼儿期的陌生情境实验结果与个体在成年期的类型进行对比的项目极少，在这些数量极其有限的研究项目中，这类案例更是少之又少。依恋模式往往会保持不变，而且负面事件对个体的影响大于正面事件对个体的影响，通常使个体变得越来越感到不安全，而不会使个体变得越来越感到安全。然而，我想要确凿的证据。我的成年期安全型是通过代际传递获得的，还是通过自身努力，包括长期静修、治疗和自我反思获得的？如果依恋的代际传递概率确实如业内宣称的那么高——75%，那么我们至少有一种方法予以检验有效率至少同样是75%。我想要算出自身的概率。

我和赛耶完成斯蒂尔夫妇教授的两周成人依恋访谈培训课程后，恰巧我的母亲来看望我。

亲爱的读者，想必你能猜到这个故事的走向。

我那可怜的母亲不愿意接受成人依恋访谈，即便访谈者是她疼爱的女婿赛耶也不行。然而，最终她摆出一副游戏精神，表态说，"如果对你写书有帮助，那我就同意。"可她表了态后，还是愁眉苦脸的。这可以理解，她与当年巴尔的摩市的那些母亲一样，她们开车送自己的孩子去约翰斯·霍普金斯大学的陌生情境实验室见安斯沃斯博士，心里都很害怕，不知道自己会"表现如何"。我得说，我也有一点担忧。

很难想象母亲真的会使用新鲜的语言把自己的过去坦诚地讲出来，而且主动提供具体的说明。以我对她的认识，她甚至很不愿意深入地探讨事情，这给我带来了无休止的沮丧。有一次她对我说，她做了一个"荒诞的梦"，可当我问她这个梦有什么意义时，她仿佛打了一个寒战，说"我可不敢想"。随着我越发深入地了解成年人如何才能成为安全自主型，我越发怀疑母亲是否能够过关。

我认为，母亲不会是焦虑型；如果访谈证明母亲属于回避型，那么阿嘉丽娅的依恋模式和我的依恋模式可能会存在疑点。我想要在这场依恋疑云中大获全胜。

在预先商定的这一天，赛耶和母亲终于准备做成人依恋访谈了，但他们两个人似乎对这件事有些回避，一会儿觉得在这个房间做访谈最好，一会儿又觉得在那个房间做访谈最好。这样反反复复、犹豫不决后，最终，赛耶决定在楼下的沙发上做访谈，他调好手机，准备录视频，并使用白噪声保护访谈中的隐私。

他们在楼下开始访谈时，我在楼上的厨房里慢条斯理地擦擦这、擦擦那，想让自己想想别的事情，但我马上就发现，我仍然可以听到赛耶的访谈话语从楼下传来，他请母亲描述小时候家庭成员的情况。我不想打扰他们，于是我就进了书房，这样就无法偷听了，但我突然"觉得"想喝杯水，于是我听到了以下内容。

赛耶：请讲一讲你小时候和父母的关系，请从最初的记忆开始讲，时间越早越好……

母亲：我记得我女儿（提到我了！）曾经问我，关于我的母亲，我能记得的最早的事情是什么，那是在我很小很小的时候，有一次，我在外面玩了一会儿，然后跑进屋，我的母亲——我——我那时应当已经学会自己小便了、学会使用坐便器小便了，因为母亲说，"你尿裤子了？"我说："没有。"我又说"没有"。然后她把我抱起来放到餐桌上，看到我尿裤子了，于是她，哦，她就打了我的屁股几下，如果我没记错，当时她解释说，她打我屁股是因为我对她说谎了，而不是因为我尿裤子了。这是我能记得的最早的事情之一。

还有，哦，我还记得有一段挺美好的回忆，母亲在烤蛋糕，我坐在橱柜旁的板凳上，听她给我唱一首儿歌，我的记忆很清晰。

我简直不敢相信这是母亲说的话。母亲提供信息的翔实程度真让我吃惊！叙事如此流畅，关于她母亲的细节又如此生动，而赛耶还没有要她提供那些形容词呢。她没有结巴、没有犹豫，语言非常新鲜，还提到了代际依恋（"我记得我女儿曾经问我……"）。我感到惊异不已。

我没有听错。他们走上楼的那一刻，我和赛耶彼此看了一眼，眼神中充满了惊讶和喜悦。我立即把访谈文件通过电子邮件发给斯蒂尔夫妇，让"不知情"的编码者正式编码。几天后，我收到了分类结果。

和我猜想的一致，母亲的访谈结果是确凿的安全自主型，不过带有一点回避型，考虑到她描述外祖母的方式以及她对我表现出的冷淡态度，这是完全讲得通的。

受访者是一位约 75 岁的老年妇女，在五大湖地区长大，其母亲较为可靠稳定，但情感上与受访者较为疏远；父亲酗酒，但与受访者感情更深……

受访者讲述童年经历和当前依恋关系时，大体上逻辑连贯、条理清晰。她对自己和他人的认识较为均衡，流畅的话语中流露出她非常重视依恋，而对依恋具有回避型心理状态的个体不会有这样的表现。受访者描述父母时所用的形容词欠缺逻辑支撑，具体表现为受访者虽然使用了较为褒义的形容词，但提供的具体事例很少。因此，受访者表现出一些回避型特征，怀有戒心地限制自己回忆早期被照料者照料的情感体验。总体上，受访者最符合 F2 型的描述，即轻微限制安全自主型。受访者是 F2 型依恋心理侧写的明显案例。

有意思的是，母亲的反思功能的得分比我的还高。

第 31 章

　　母亲走后，一天晚上，阿嘉丽娅哭鼻子了，有几个原因，其中之一是我不允许她在网上买一双鞋。我一度坐在她的卧室里倾听，想要感受一个十几岁女孩子的内心痛苦，她一面想融入同龄人中，一面又受挫，我想在她身边陪伴她，但听着一个心存优越感的孩子没完没了地抱怨，最终我还是崩溃了，我告诉她让她自己克服，然后就走开了。虽然我的言行不算过分，但那一刻我的内心既冷淡又刻薄，只想着自己的恼火。为什么我就不能心胸宽阔一些？她并非总是把自己哭成个泪人儿。在她身边多坐一会儿、承受她的怨气，难不成会让我死掉？

　　我走出她的房间时，她眼泪汪汪地肯定了一件我已经认识到的事情——我"完全不知道如何对待小孩子"。我回到自己的卧室，让赛耶去找阿嘉丽娅，我自己则躺在床上，假装看书，心还在怦怦地跳着。赛耶慢慢地把阿嘉丽娅哄得安静下来，我听见她哭着说，她感到孤独，认为我"讨厌"她（这句话戳到了我的心），然后抽泣着说:"我感觉……她都……不关心我了。"

我理解她的感受。

我在她那么小的时候,坐在自己的卧室里,感觉孤独、麻木,并且明确感到没有人关心我。也许这种感受是人的天性,也许它是代际传递下来的,尤其是在敏感的个体之间,他们的家人肯定没有与他们完全同频,但按照斯蒂尔博士在我做完成人依恋访谈时所讲,至少从理论上看,这种反应没有"那么一无是处"。

那天夜里,阿嘉丽娅睡在我们的卧室里,我们的床下有一个日式床垫,它就是为这种情况准备的。她躺在日式床垫上,与我们的宠物狗依偎在一起。第二天早上,我和她说,前天晚上让她那么难过,我感到很不安,听到她说感觉我讨厌她,我感到很伤心。我问她:"你真的这样想?"她正吃着炒鸡蛋,然后抬起头,脸上的泪水已经洗去并恢复了正常,她说:"有时吧。"

"反正,当初是你要把我生下来的。"她补充道。

阿嘉丽娅 4 岁时,正好是我开始钻研依恋的时候。那时为了给我的月专栏《花开花落:一位信佛母亲的独特人生》寻找素材,我有机会采访乔·卡巴金(Jon Kabat-Zinn)。卡巴金是正念和静修专家,发表过许多著作,包括《正念父母心:享受每天的幸福》(*Everyday Blessings: The Inner Work of Mindful Parenting*)。那时我和阿嘉丽娅之间的关系有所好转,这是肯定的,但我的内心仍然在挣扎,有时仍很严重。我认为自己是一个失败的母亲,甚至是一个失败的人，我期盼在采访卡巴金的过程中，我的羞耻感能够得到免除。也许他会耐心地鼓励我卸下心中负疚的包袱，甚至会说出一句让我醍醐灌顶的话，如"看破吧、放下吧"，然后我在精神的升华中，真的看破了、放下了！心中的烦恼随之而去，我不再感到是自己正在毁掉阿嘉丽娅的一生。

然而，采访中没有出现这些事情。

那时，他住在附近一个度假中心的小木屋里，我们坐在小木屋的门廊上，围绕修炼内心的话题进行了一场颇有意义的长时间对话，而后我开始提出自己真正的问题，他也做出了一些真正的解答。

卡巴金：为人父母的意义在于，你要承担起子女生活上的责任，直至子女能够承担起自己生活上的责任。就这么简单！

我：这已经很繁重了。

卡巴金：确实，但我并没有说你不能寻求帮助，而且你会发现，你作为父母的表现会对子女四五岁前的神经发育产生巨大的影响。

我：这让人感到害怕。

卡巴金：但你只需要做好情感联结就可以了。

我：但有时我希望，我是我，孩子是孩子，我不想无时无刻地和孩子存在情感联结。

卡巴金：我明白了。怎么说呢，所有事情都是有后果的。你的孩子多大了？

我：四岁半。

卡巴金：我得说，我对这种事情的态度是很明确的。当初是你要把她生下来的。

当初是我要把她生下来的。

可当初也是我母亲要把我生下来的。

我记得自己在母亲身边晃来晃去，一会进入她的视线，一会又走出她的视线，在这些记忆的背后，我在寻找一样东西，我想要找到她在这个世界上的位置、想要让我最爱的人注意到我。孩子们总是喜欢这么做——通过父母认识自我。同样，我们也都喜欢这么做——在他人身上认识自我，在自己身上认识他人。

由于母亲总是忙得不可开交——忙于刷碗，忙于用吸尘器打扫卫生，忙着做妻子、做家庭主妇、做三个孩子的母亲，而我却从来不忙，所以我时常感到孤独、了无牵挂、没有情感。

于是在我 9 岁或 10 岁的时候，也就是米茜固化在我心中的年龄，有一天，母亲让我倒掉洗碗机里的垃圾，我对她说，"为什么让我去倒？当初是你要把我生下来的。"

我的意思是：我为什么要来到这个世界上？我为什么要来到这个家庭里？只为了忍受这种生活？我为什么要做这些事情？

我为什么要活着？

因此，当卡巴金说"当初是你要把她生下来的"时，我知道，他说得没错。当初是我们的父母要把我们生下来的。在弗恩艾克路的那间小屋子里，伴随着山脚下潺潺的水流声，我们向阿嘉丽娅发出了呼唤，而她回应了。

当初，我的父母向我发出了呼唤。

来到这个世上，就是我对他们的回应。

那时，虽然从感觉上说，我几乎没有存在过，只是随着小女孩那颗受伤易碎的心的心情而浮浮沉沉；但从客观上说，我仍然是存在的，而且能够提出自己的问题，看到生命的边界、裂痕，最重要的是感到自己心中的期许。

后来，我自己有了女儿，我发誓要打破那缺少情感联结的困境——"当初是你要把我生下来的"，因为无论我做什么，甚至在我想要去爱的时候，那种莫名痛苦的阴霾都会如影随形，让我焦虑重重。

然而，问题又来了。

阿嘉丽娅说："当初是你要把我生下来的。"

这是代际传递……不是吧？

其中之一是诚实的能力，之二是提出无解问题的能力。

玛丽曾写道：

一个婴幼儿真实的内心世界，我们将永远不得而知，因为婴幼儿无法向我们倾诉，而且他长大后，婴幼儿期的记忆将变得残缺不全，甚至完全消失。另一种方法，也是我所采用的方法，是观察婴幼儿的行为，因为婴幼儿的行为无疑与其内心体验存在关联，只不过前者并不是后者的透明化沟通。

反抗、哭闹、提要求、转天早晨边吃鸡蛋边反思——我们的"婴幼儿行为"不是我们内在体验的透明化沟通。我们可以看到的世界将指向最重要的东西，即我们无法看到的世界，因为我们的情感联结就在那，深深地藏在里面，一代一代地传递下来。毕竟，银河系中 85% 都是暗物质，虽然现有天文望远镜的功率不足以发现这些暗物质，但科学家们知道，暗物质确实存在，因为暗物质对我们可以看到的物质存在引力，如夜空中闪耀的群星，如我们所挚爱的那个人，坐在对面，把鸡蛋在盘子里推来推去。

我很幸运，现在看来，很可能是因为我受到安全型依恋的保护，所以即便我接触了烟、酒和扭曲的爱，也没有陷入其中而不能自拔，也没有持续表现出青少年犯罪行为。我还知道，事情不是表面上看到的那样，但我仍然不想让阿嘉丽娅遭受我曾遭受的痛苦，甚至不想让她遭受任何痛苦，当然，我知道这是不可能的。当我们争执不下的时候，或者心中感到恐惧的时候，如我听到亲爱的女儿重复我曾说过的让人伤心的话——"当初是你要把我生下来的"，我仍然会怔住或发飙，离开她的卧室，仿佛我不爱她似的。我失控了，没有控制住自己的言行，也忘了生活的意义，即与他人构成关系。

这时，我做了一件事，这也是我唯一会做的事，那就是通过坐禅或者其他方式找回自我。早晨我送阿嘉丽娅去上学后，也许回到家里后，那些已经说出口的狠心话会在我的心里回荡，那些未曾说出口的暖心话也留下了空缺，我会反思并把问题想通，而不是逃避，因为我知道，只有这样才能从羞愧中解脱出来。

依恋没有起，也没有始；没有原点，也没有终点；我们自己的痛苦是这样，我们施加给他人的痛苦也是这样。想要弥补，想要治愈，就要站出来，承认它。

然而，问题在于，我们时常过于忧虑，担心自己会做错，就像那时的我一样，以至于我们用正念——甚至依恋来自责。2015 年，葡萄牙一个研究团队从依恋的角度研究了"自我同情"和"养育子女的压力"之间的关系。在论文的导言中，研究人员写道，"父母养育子女失败或受挫时，对待自己的方式，如同情自己或批评自己，与其依恋史之间的关系较紧密，而且可能会影响其养育子女的行为，进而影响子女的心理健康。"不出所料，研究人员发现，曾属于安全型依恋关系的母亲往往更同情自己，从而减缓其养育子女的压力，这对于其子女而言是有益的。

该论文的结尾提出这样一条临床建议：

父母遇到养育子女方面的问题时，或者遇到子女行为与需求方面的问题时，可以学习如何减少对自己的批评，同时认识到，自己和子女是不完美的，需要同情……尽管自我同情练习对于不安全型个体的帮助极大，但这些个体在练习自我同情的初期，可能会感到困难甚至烦恼。

不管我们的依恋模式如何，审视自己都会让我们感到烦恼，尤其当我们不知道如何审视自己时，我们会感到烦躁，缺少安全感，但这是值得的。反复地挖掘自己的内心深处，有时会让人感到倦怠，但我们要如何做呢？戴多曾经说，"被打倒七次，站起来八次。"我要依靠代际传递下来的坚毅，找回我们熟悉的东西——我们的身体、我们所爱的人、我们慢慢地形成的信念。当我认为自己不可理喻时，或者认为阿嘉丽娅命运悲惨时，我会感到愤懑并最终爆发，这时我会思考有意义的事情，如她的生活、我们之间的母女关系，而后我做一次深呼吸，再重新开始。

假如在我做成人依恋访谈那天，当我回到斯蒂尔博士办公室后，发现自己属于焦虑型或回避型，并带有未解决的问题（混乱型），或者属于无类别型（这也是一种类型，但不常见），我也会流着眼泪听完他的访谈总结，只是思虑不同罢了。但我是受过严格训练、具有坚毅品质的禅修者，所以，当我摆脱沮丧的情绪后，我仍然会继续努力，为自己和阿嘉丽娅一点一点地获得安全感，但具体要如何做呢？

虽然西尔斯博士可能不会认同，但艾伦·苏劳菲说，"依恋不是一套小技巧"，我们无法列出一份"注意事项清单"，以帮助人们变为安全型依恋，就像我在禅堂静修时没有所谓的"注意事项"一样。苏劳菲解释说，即便一位母亲母乳喂养孩子，也可以是机械式的；即便一位母亲用奶瓶喂养孩子，也可以与孩子敏感地互动；一位母亲甚至可以模仿斯金纳，把孩子放在育婴箱里，然后去干别的事情。如玛丽在乌干达所见，虽然许多母亲母乳喂养婴幼儿并陪他们一起睡觉，但她们与婴幼儿之间仍然属于不安全型依恋关系。相比之下，在巴尔的摩，虽然许多母亲用奶瓶喂养婴幼儿并让他们定时在婴儿床里小睡，但她们与婴幼儿之间仍然属于关爱、同频、安全型依恋关系。

那么，既然亲密育儿七法对我们没有帮助，我们应当如何掌握我们所需的技能，不管我们自身曾属于哪种依恋类型，并与孩子培养出安全型依恋关系呢？换句话说，如果我们认不清孩子发出的信号，那么我们该如何提升自己的技能呢？列出一份注意事项清单并照方抓药是行不通的，这与玛丽·安斯沃斯等多少前辈所倡导的同频概念是背道而驰的，他们认为，同频才是形成安全感的必由之路。父母能否敏感地照料子女，取决于父母的内心是否能够开放、灵活地理解他人的内心，但我们的内心到底是什么？我们又是如何通过内心来"指挥言行"的呢？

观察我们自己内心的能力，即心智化的能力，是一项非常具体且重要的能力，尤其对父母而言，更是如此。因为每个依恋二元关系（即亲子关系）都是一个整体，所以在依恋问题上，我们的内心状态和所思所想就是我们子女的内心状态和所思所想，所以，当我们明确地认识到亲子关系的重要性时，亲子关系的重要性会在我们的映像中被照亮，子女也会明确地认识到亲子关系的重要性。如果我们不能明确地观察到自己内心的所思所想，那么子女就只能在昏暗的光线中猜测。毫无疑问，我们都想为子女做出表率、树立榜样，如勤奋、讲礼貌、健康的生活方式。但依恋研究表明，父母是否具有自我意识，包括对自身所谓"失败"的意识，决定了父母是否能够同情自己，从而决定父母的依恋系统能否放松，从而决定亲子之间能否为对方带来愉悦，从而决定亲子之间是否存在安全依恋模式。

这真的有效。

斯蒂尔夫妇与大量的"脆弱父母"合作，通过一种大众的方法——"提升积极养育的视频干预方案"帮助他们形成反思功能。他们根据该方案提出了集体式依恋干预方案。根据集体式依恋干预方案，父母在治疗师的帮助下，观察自己与子女互动时的行为，这种体验虽然会让这些父母感到难为情，但却能给他们带来转变。如斯蒂尔夫妇所说，"通过视频观察自己，特别是通过视频观察自己与子女的互动，这种体验虽然让个体感到紧张、害怕，但也会唤起个体的情感，帮助个体做出改变。这个过程会唤起多种感受、情绪、信念和表征，个体时常感到内心无法平静下来，所以激发个体依恋系统的概率非常高。"

这种体验虽然具有激发作用，但辅以集体的帮助，能使父母形成反思功能。"随机化的控制试验表明，不安全型母亲在接受视频干预方案的治疗后，其敏感性得到提升。"母亲的敏感性之所以得到提升，是因为她们具备了心智化的能力。

在治疗"高风险"母亲的问题上，斯蒂尔夫妇提出的集体式依恋干预方案比其他治疗方案有效得多，在这些母亲中，许多人具有严重的创伤史或心理障碍，而且子女已经被政府强制收留。集体式依恋干预方案能够帮助这类母亲改善与子女的关系，打破严重虐待子女的恶性循环。霍华德·斯蒂尔写信给我时曾说，这个恶性循环"太长久、太过熟悉"。这一点都不抽象，并且非常具体。

鲍勃·马尔文曾经对我说，他在夏洛特维尔市自己创办的诊所（即安斯沃斯依恋诊所）为一些少女妈妈开展视频干预方案，这些少女妈妈面临失去孩子的风险。马尔文称自己的项目为安全感循环。

他带领团队邀请 5 至 10 对母婴参加干预方案，然后录制这些母婴互动的场景，可以说，这些母婴之间的互动不是那么敏感。互动结束后，治疗师们研究视频，将母婴之间流露情感的时刻，无论大小，都剪辑在一起，包括递气球、母亲微笑、孩子开心地笑等，做成一个关于母婴各自为对方带来愉悦感的美好的纪录片，并配上《你如此美丽》（*You Are so Beautiful to Me*）作为背景音乐，然后为这些母婴集体播放这个纪录片。

鲍勃对我说，这些少女妈妈自身肯定没有感受过敏感的养育，所以她们都不知道被敏感地养育是何种感受，更不要说敏感地养育自己的子女了，看着她们观看自己沐浴在自己与孩子之间爱的光芒里，那一刻是多么感人。这些少女发现，原来孩子也爱她们，这映射出她们自身最美好的一面，让她们专注于那一刻及那一刻之后的生活。

而后，鲍勃会和这些少女妈妈讨论她们与孩子之间神奇的情感纽带，而关于这些少女妈妈对自身认识的爱的交流，以及她们所讲的自身的经历将改变其生活的前进方向。

第 32 章

最近，曾向我介绍成人依恋访谈的那几位朋友又来看望我们了，这次还带来了他们的两个孩子。这两个孩子跟着阿嘉丽娅围着屋子跑来跑去，还跟着我们的宠物狗到处跑，喂它好吃的，教它学习坐着。因为小家伙们要一直待到圣帕特里克节，所以阿嘉丽娅在前一天晚上睡得很晚，为两个小朋友准备了一份大大的惊喜，包括绿衣老矮人留下的奇怪贺卡、用婴儿爽身粉留下的脚印和巧克力金币。

一天下午，父亲们带着孩子们去附近的一个小池塘玩，朋友和我坐在沙发上，我给她看《乌干达的婴幼儿》一书中的黑白照片，其中一张照片引起了她的注意，照片中是一个叫娜芭坦吉的婴幼儿和她的母亲。"一看就知道，这种表情可不是装出来的。"她看着照片中那位母亲脸上温和的爱意，无不羡慕地说。

当然，她说得没错，这种表情可不是装出来的。如玛丽所说，"依恋是内在的"，它是"一种内化的力量"，这种力量想要发挥作用。

我和朋友一起读了《乌干达的婴幼儿》中的一篇文章，这篇文章是这本书中我最喜欢读的部分，它包含了所有元素——铃铛、糖果、红色的儿童太阳服、照片、交流、孩子爬着站起来、母亲回到孩子身边、孩子倚在母亲身边幸福的样子。

我们最后一次进行家庭访问时，喀索吉64周大。那天，他穿着一件红色的儿童太阳服、两只脚踝上系着小铃铛。他坐在母亲身边，当我拿出一块糖并向他招手时，他摇摇晃晃地向我走来，然后停在半路看着我，仿佛在想，走到我身边会不会有危险。齐布卡夫人接过糖并转手给了小喀索吉；他用手抓着糖开始吃。他把糖放在口中吸吮、又拿出来看看，吃了很长时间，弄得嘴边黏黏糊糊的。齐布卡夫人起身，走出房子一会儿，小喀索吉立即大声号哭，爬着站起来，跟在妈妈后面。我们拍照时，小喀索吉坐在母亲身边，很安静。回到屋里后，他倚在母亲身边坐着，不时地发出一些满足的小声音。在我们访问的大部分时间里，小喀索吉都倚在母亲身边。

玛丽·安斯沃斯提供的婴幼儿信息真可谓翔实。她可以成为一位无与伦比的母亲。

她无疑为我带来了母亲般的温暖。

那个周末，赛耶带着阿嘉丽娅去看望祖父母，我则留在家里对着电脑工作了一整天。晚上，为了放松，我看了一部电影，名叫《伯德小姐》（Lady Bird），这是一个关于少女成长的故事。这位少女为自己起了一个名字，叫伯德小姐，虽然伯德小姐与母亲之间的关系矛盾重重，故事引人注目，但同样引人注目的是伯德小姐并不厌恶自己，也不厌恶母亲。

我很喜欢看伯德小姐与其所在学校校长莎拉·琼之间对话的情节，这场对话是关于伯德小姐所写的一篇大学入学申请文章。伯德小姐生活在萨克拉门托市，她自称很厌恶这座城市，但在申请大学时，她还是以这座城市为主题写了一篇文章。

莎拉·琼：能看出来，你爱这座城市。
伯德小姐：是吗？
莎拉·琼：你在描述这座城市时充满了感情，而且很用心。
伯德小姐：我只是想把它描述清楚。
莎拉·琼：嗯，这给人的感觉就是爱。
伯德小姐：是吗？我想我只是用心观察了。
莎拉·琼：你不认为用心观察就是爱吗？

那天夜里，我躺在床上，屋子里静悄悄的，只听到狗狗躺在地板上的窝里的呼吸声。我在想那部电影，还在想玛丽。我想，要是能和玛丽一起看《伯德小姐》，然后再和她一直讨论到深夜，该有多好。我们可以讨论母亲和女儿的关系，也许我们还能谈谈她那么想要儿女但却未能如愿的事情。我们肯定会谈到她那些不是儿女但胜似儿女的学生和她留下的宝贵的精神财富。我们甚至可以聊聊她的学生的八卦，因为现在我也认识他们了。我独自躺在床上，想着"用心观察"的力量，毕竟，用心观察是玛丽的天赋、是她的璀璨夺目之处，仿佛一块宝石活在她的心中，并且如她对我的教诲，也活在我们每一个人的心中。

玛丽曾说，没有生儿育女是她一生"最大的遗憾"。读到这句话后，我在过去 10 年间找遍了她的文件和作品，想要发现她曾如何表达自己想要为人母的欲望——她认为，有了子女能给她带来什么？她在寻觅什么？她感到自己缺失了什么？

我只找到只言片语，少得仿佛热锅上的一滴水，一瞬间就蒸发殆尽。她只是说，"我对于为人母的期待，都是徒劳。"她期待的子女仿佛幽灵一样，存在于另一个空间。

我自然为她感到悲伤，但我要承认自己也是心怀感激的。假如她有了自己的子女，我想她不会忍心这么深入地探究母爱的内涵，而是会和我们一样，避开这个问题。这倒未必是因为我们属于回避型，至少不完全是因为我们属于回避型，而是因为我们对子女的爱沿着一条没有起点的链条、通过一代一代不完美的个体传递下来，让人感到十分脆弱。但实际上，它并不脆弱，我们以为如果我们接纳了太多碎片，我们对子女的爱会变得不堪，然而，爱会保护我们，排除那些伤人的碎片。

玛丽 15 岁时，在读《性格的力量》时她感叹道"它为我打开了崭新的前景"，从而立志做一名心理学家。作者威廉·麦独孤写道，"智慧来自头脑，但同样来自心灵；而且，虽然我们可以较快地掌握一门科学的原理，但来自心灵的那份智慧，只有在我们尝遍了快乐、悲伤、希望、失望、努力、失败与成功之后才会出现。"

　　读完这段话 40 年后，玛丽将人类这两方面的体验——头脑的体验和心灵的体验糅合到一起，在一个有两把椅子和一些普通玩具的房间里展现出来。玛丽和鲍尔比发现了依恋，而且更重要的是，在此基础上诞生了一门科学，这门科学具有实证性、可复制，而且富有活力，可以探究爱和生存的内涵，而这两者的内涵不是双重的。

　　通过玛丽的卓越贡献，现在我们可以认识到，依恋不是对头脑的研究，也不是对心灵的研究；它不是对智力的研究，也不是对情感的研究；它不是对身体的研究，也不是对心理的研究；它不是对自我的研究，也不是对他人的研究。依恋帮我们理解我们在生活中面对的两难境地，如我该选择这份工作，还是该选择那份工作；我该住在山里，还是该住在河边；我该留下来，还是该离去；我是一个好妈妈，还是一个坏妈妈；我是一个好人，还是一个恶人。戴多说，"不是非此即彼，也不是彼和此，更不是非彼和非此。"

　　我说，是此时此地，我写书，你读书，两颗心一起跳动。

第八卷 重新讲述往事

RETELLING

陌生情境实验结束后，除了乔治之外，西尔维娅、鲍勃、艾丽和我，我们都去了实验室。孩子坐在母亲的腿上，小口喝着母亲杯中的冰茶，吃了一些我给他买的花生酱饼干。孩子非常喜欢和人交流，而且越来越活跃。后来，他干脆站在母亲的腿上，俯在桌子上，并且几乎趴在桌子上，一会儿摸摸糖盒，一会儿朝着艾丽和西尔维娅笑。现在，孩子看着鲍勃，张开嘴，无声地说"嗨"……

　　现在，孩子左看看右看看，朝每个人笑，而母亲似乎也放松下来了，我们围坐在桌边，气氛轻松、活泼。

——玛丽·安斯沃斯，第 18 号案例

第 33 章

　　我童年时期的照片很少，毕竟我是家里 3 个孩子中最小的，又出生在 20 世纪 60 年代，不像现在的孩子，照片拍得漫天漫地，仿佛春天里的花粉。然而，就在最近，母亲开始给我发她保存的照片，其中大部分我已经看过了，并且前半生都在研究这些照片，现在我意识到，我对自身经历的认识大多出自这些照片，我把这些照片当作确凿的物证，证明自己的生活曾经充满悲伤、孤独、拒斥和分离。

　　这些照片逐渐融入我对自身经历的认识中，并且我通过这些照片来理解后来我为什么会经历各种痛苦，它们记录了我前半生的酸甜苦辣。在其中一张照片中，当时我 1 岁，那时我们住在嘉斯德大道的房子里，我穿着一条小短裙，站在客厅中，两条小腿还很柔弱，在这张照片中，我一个人独自站着；在另一张照片里，我穿着一件斗篷坐在草坪上，也是独自一人；还有一张模模糊糊的脸部特写，背景是我表妹家的砖墙，我在微笑，还是独自一人。

　　再说说合影。在一张照片中，我在后院的游泳池旁，穿着史努比泳装，表情傻傻的，身旁站着邻居，他的车库被塞得满满当当的，让人觉得好笑。在另一张照片中，我、麦特和山姆按照经典布景排成一排，我们俯卧在地板上，用手托着下巴，三兄妹看上去又可爱又正常，仿佛我们之间存在爱的交流。

也许确实存在。

自从阿嘉丽娅降生后，这几年来，我开始质疑自己的许多认识，是不是也应当质疑我与两个哥哥的关系呢？我一直认为，今天是昨天的产物，仔细研究今天就可以理解昨天，但现在看来，也许并非如此。尽管现在我和两个哥哥之间很少说话，尽管我所能回忆起来的大多是他们断然拒斥我的情景，但我仍然觉得，也许有某种纽带把我们连在一起，只是我看不到它罢了。

毕竟，几年前母亲曾经给阿嘉丽娅一张照片，在那张照片中，我和麦特坐在浴缸里，脸上露出十分灿烂的笑容，我看上去两三岁的样子，麦特应当是四五岁，那一刻，我们那么开心！照片上有一行字，"你的妈妈小时候和麦特舅舅在外祖母家一起洗澡留念"。当我看到信封里这张带有母亲字迹的照片时，我感到特别意外，一时间只想把它扔掉。还有一张照片，是在这两年之后拍摄的，我和表妹莎拉光着身子站在我家的浴缸里，咧着嘴笑，我们的牙齿还没有长齐，麦特在照片的一角，有些模糊，他也在笑，卷发挡住了他的眼，表情尴尬，与场景很适宜。

还有一张照片，我们几个表兄妹围在饭厅里的白圆桌边，坐在20世纪70年代样式的椅子上吃午饭；母亲穿着比基尼泳衣，外面罩着一件条纹衫，很妩媚的样子，她和姨妈站在我们身边，低头对我们笑着；我几乎完全被表妹肯德拉挡住了，只露出了眼睛；肯德拉看着她的小妹妹，她的小妹妹坐在高脚椅上。肯德拉的姐姐凯丽，也在望着那个小宝宝；还有山姆，一头波浪卷的金发、五官俊朗，母亲总是半开玩笑地说，他看上去"很漂亮"；麦特坐在桌子的另一边，他也转过身，津津有味地看着那个小宝宝用手抓菜吃，忍俊不禁。

今天，当我再次看到这些照片时，已经有了不同的感受。我感到以前自己并不孤单。在相机的另一侧，总有一个目光敏锐的人，会把我调整到柯达相机的取景器中。这个人会观察我走神的样子、微笑的样子、努力的样子、受挫的样子；这个人很有可能觉得我很可爱，所以决定按下快门，将那一刻的我永恒地记录下来；这个人通过镜头发现了什么，也许看到了我的内心。

这些日子，母亲通过电话或邮件回答我提出的各种问题，这些问题涉及我们的家、车子、装扮、饭菜、人名、地名和其他事情。我还问到我童年的事情——小睡时间、每天的时间表、母乳喂养等，她的回答总是老样子——"哎呀，宝贝儿，那是很久以前的事了"。然后，她会想这个问题，想到了什么，就会给我发这样的邮件：

每天下午你都会小睡，夜里睡 10~12 个小时。我经常把你放在婴儿车里，推着你去散步。那时我们住在湾市林肯路的第一个家里，我记得有一次，我坐在沙发上，麦特在我右侧吃奶，山姆坐在我的左侧，突然山姆伏过来吃我左侧的奶，不肯松嘴，我记得自己吓了一跳，就轻轻地把他抱开了。那时山姆应该在 2 岁半到 3 岁的样子，麦特还是个婴儿，可能是因为那次吃奶的事情，山姆咬了麦特一下。我还记得，因为麦特还是个婴儿，还不会咬人，所以我就替他咬了山姆一下，力度不大不小，正好能让山姆感觉到。后来，这种事再也没有发生过。我的老天爷，我可能犯过很多错误！

母亲提供婴幼儿的信息确实非常翔实，她确实是一个不错的研究对象！

此外，作为一个安全自主型成年人，她重视依恋，所以当我问她是否愿意在这本书出版前读一读手稿时，她把别的事情都推开，一口气连读了三遍，然后兴奋地给我打电话说，"我读懂了！这是一个关于爱的故事——关于你学会爱自己的故事。"

当我问山姆同样的问题时，他说他很愿意读。我和他聊了一会儿，言语间透露出书中的一些内容。我给他讲了依恋、陌生情境实验，并告诉他，这本书讲述了我早先对自己生活经历的认识，以及后来从依恋的视角看这些认识发生的变化。我提示他，书中多次提到我在童年时期感到悲伤、被拒斥，让他不要感到意外。我还提醒他，他曾说过，"嘿！贝丝，你长得太丑了。"我和他都知道，他对我说过很多刺激我的话，这只是其中之一，而且语气中既感受不到兄妹之间的情谊，也缺少互相鼓励的温暖，完全没有感情，这一点更让我伤心。他在电话的另一端似乎感到难为情，有些畏缩地说："那时有些让我苦恼的事情。在学校有人欺负我，于是我就把怨气发泄在你身上了。"

"没关系，"我说，"那时你还是个孩子！"

"我的情况不一样。"他说，并且承认自己的童年经历很不错。"我比你大一些，"他补充道，"不管怎么说，这是你的经历，你怎么讲都可以，我肯定不会生气。"

我们要结束通话的时候，我对他说，这本书有些"出格"，我完全沉浸在一些观点中，如今天包含昨天，所以如果对今天有了新的认识，也就改变了昨天。他说："理解。那么就是说，过去是真实存在的，但它并不是未来。"

我说，是的，就是这样。

当我和麦特谈到这本书时，他说自己不认同我的观点。"过去的，就结束了。"他说。他没有接受我的邀请，即读这本书的手稿。

父亲过世时，我站在那片松树林墓地里，就是后来我和赛耶商定要一个孩子的地方，一个想法让我流下了眼泪，我想，"从今以后，我再没有父亲了。"这个想法错了，昨天是可以改写的。思念的触角可以在时间和空间上向前和向后延伸，改变我们与他人的关系，甚至与逝者的关系。

有时，阿嘉丽娅还没吃完这一顿饭就问下一顿饭，逗得我哈哈大笑，这时，我会给她讲我父亲的故事。有一次，他在飞机上核实感恩节剩下的饭菜，好让自己周末出差在外时有火鸡三明治吃。他站着数冷藏箱的个数，一个用于冷藏火鸡肉、另一个用于冷藏火鸡填料，当然还得有一个用于冷藏肉汁和红莓酱。每年，父亲的妻子凯茜，也就是我的继母，都会来和我们一起过感恩节，周三我们会去餐馆玩智力竞赛，如果父亲还在世，他一定是竞赛主角。我们队叫"杰夫队"，我们之所以取这个名字，是因为父亲在世时，有时一天要去杂货店两次，店员把他买的东西放在袋子里时都叫他杰夫。今年，我们队得了冠军。

那天在车里，阿嘉丽娅说，"我还没见过祖父，祖父就去世了，我真难过。"我没有对她说，祖父仍然活在我们的心中，而且活得很快乐，我只是保持沉默，这是我这些日子所用的屡试不爽的办法，然后等着她自己改变话题。

戴多于2009年圆寂，那年阿嘉丽娅3岁。那时他身患癌症，病入膏肓，想在临终前看看阿嘉丽娅，于是给我们打电话问阿嘉丽娅是否能来看望他。我带着阿嘉丽娅去看他，我站在厨房里，看着阿嘉丽娅走过去，走到他的身旁，那时他坐在椅子里，身上插着各种管子，桌子上摆满了药盒，他的身边围着高大、敬爱他的弟子。阿嘉丽娅给他一块饼干，他接在手里，想要放到嘴里。他让人拿来笔墨，阿嘉丽娅在他腿边坐着，他简单地挥了数笔，完成了人生最后一幅画作，那是一个人在坐禅。他问阿嘉丽娅，知不知道他画的是什么。阿嘉丽娅用稚嫩的声音回答说："我不知道。"

"这就是你。"他说。

反反复复，从古至今，我念出祖先的姓名和所爱的人的姓名，使他们脱离我所讲的关于他们的故事，也使他们脱离我所讲的关于我们的故事。妈妈、爸爸、山姆、麦特。妈妈、爸爸、山姆、麦特。

戴多。玛丽。

赛耶。

阿嘉丽娅。

这样，我也自由了。

收回故事，重讲故事；坠入痛苦，脱离痛苦。

我们大家形影不离，无论是聚、是散、是伤、是愈，都在一起。

这个情境既陌生又美好。

尾声

我和赛耶住在禅院时，一个春天的清晨，暗夜渐渐褪去，在这美好的时刻，我在禅堂中做早课。我听到外面的鸟儿在叫，起先它们在寂静中啄食，叽叽喳喳地彼此呼唤与回应，然后它们的叫声越来越大，直至响彻天空。30分钟的坐禅结束后，我与赛耶一起去楼下吃早斋，我对他说："刚才你听到那些鸟儿的鸣叫了吗？哎哟，太吵了！"虽然赛耶比我小，但对"道法"的体会更深，他微笑着对我说："不错。你的内心开始平静下来了。"

这就像学习如何用依恋的语言来讲话：一切都未变，一切已不同。

我发现，当我们的内心朝向爱时，我们就能爱，而且被爱。这不是说爱是相互的，而是说爱是一体的。

仿佛在我们经历了漫长的黑暗、孤独甚至绝望后，在我们狼狈地与黑夜达成了某种妥协后，随着一道光划过寂静的长空，天已破晓，太阳冉冉升起。

只是这一切发生在我们的心中。

后记

今日的依恋

虽然全世界神经官能症的发病率让人惊恐，虽然全世界充满了模糊甚至矛盾的信息，但是，全世界的父母们——包括乌干达的父母们和乌干达以外的父母们，总体上表现良好。

——玛丽·安斯沃斯在《乌干达的婴幼儿》一书末尾的话

2015 年，我凭着一腔热忱开始创作本书时，在浏览器的学术搜索网站中设置了自动发送"搜索快讯"功能，这样一来只要依恋领域发表了新的研究成果，我就能迅速得到消息。我以为自己只会偶尔收到一条快讯，也许每个月收到一条，我想我可以在写书时，将最新的研究内容加入书稿中。

然而，每周我都能收到两三条快讯，而且每条快讯中又包含了 3 至 10 个重要研究项目。我既要理清自己生活经历的头绪，还要理清玛丽生活经历的头绪，这已经是一项困难重重的任务，此外我还要处理大量新近发表的研究成果，所以一时难以招架。我很快认识到，可以把这些新近发表的研究成果以后记的形式编排在书稿中。

在这篇后记中，我将通过一些案例介绍在安斯沃斯和鲍尔比二人早期获得的研究结果之上，新近的研究工作更为精细地，也更让人激动地描绘出人类关系如何凭借自己的力量塑造人类生活。虽然这篇后记算不上一份详尽的总结，但我希望帮助读者看到并记住，虽然养育子女的任务是那么艰辛、微妙、复杂，但如玛丽所说，"虽然全世界神经官能症的发病率让人惊恐"，其中就包括我本人的案例，但是，我们做得不错。

我先讲一件事。

当收件箱里有新的快讯时，我会在存档前先打开看一眼，如果有忍不住要看的，就先睹为快。在创作本书的过程中，其中有几年的时间我在搞研究，所以有查询学术期刊的访问权限，可以随意下载文件。但过去两年间，我没有访问权限了，所以我就直接给学者们写邮件，向他们介绍我在创作的事情，并请他们发给我一份他们的文章。

2019 年 1 月，我注意到一篇文章的标题为《成年期依恋：最新动态、观点、前景》，作者是克里斯·弗莱里（Chris Fraley）博士，他是伊利诺伊大学的一位教授。先前我曾读过他的文章，知道他是依恋领域一位值得信赖的研究者，所以我急不可待地想读这篇文章的总结。我立即按照文中给出的邮箱地址给他写了一份电子邮件，说了很多客套的话，并提供了 2016 年我在《纽约时报》上发表的一篇文章的链接，本书正是在那文章的基础上构思并展开创作的。

弗莱里教授很快就给我回信："嗨，贝丝妮，请见附件。前一两段称得上重磅炸弹！"

"重磅炸弹"？！

我的第一反应是，他在成人依恋访谈中发现了某种重大缺陷，玛丽·梅因及遵循她脚步的那些学者都错了。也许他发现，2009年那篇证明成人依恋访谈是可靠的测量工具的文章——《首个万例成人依恋访谈》（*The First 10 000 Adult Attachment Interviews*）——其实是不完善的，或者被人们误读了，现在整个研究领域就要分崩离析了。如果真是这样，这篇文章将真的是一颗"重磅炸弹"，它会让我的书陷入两难的境地，而且还会让我的生活陷入空前的困境。

然而，让我大感意外的是，弗莱里那篇文章的开篇几段是这样写的：

《纽约时报》新近刊发了一篇作家贝丝妮·索特曼撰写的通俗文章。这篇文章探讨了性格发展、养育子女和人类关系三者之间的一些棘手问题。具体而言，作者讲述了自己在日常生活中内心的挣扎，包括反复的自我质疑、与父母和青春期几任男友之间的矛盾关系、养育子女时内心的犹疑。索特曼的顾虑之一是，过去经历带给她的不安全感可能会转而影响她与女儿及丈夫之间的关系。

最终，索特曼在依恋理论中找到了解决这些问题的办法。依恋理论广为人知，主要研究人类关系与性格发展之间的联系。

确实是一颗重磅炸弹，不过是一颗幸福的重磅炸弹！能得到这位著名依恋研究者的注意，我是多么幸运。这让我感到很亲切。

弗莱里教授继续写道：

心理学领域的各种理论就像流水的兵，但依恋理论却是一个特例。这项理论的问世不过半个世纪，但在其号召下，大众已经开始广泛谈论人类关系、性格发展、心理治疗和养育子女等问题。它不仅深刻地影响了贝丝妮·索特曼等许许多多普通人对自身与人类关系的理解，而且还给心理学领域诸多分支带来启发，使这些分支领域出现了数千个研究项目，这些分支领域涵盖的范围很广，包括发展心理学、动物行为学、社会与人格心理学、神经科学、临床科学等。毫不夸张地说，在诸多方面，依恋理论已经逐渐成为主流理论框架之一，帮助我们在社会与性格心理学领域广泛理解人际功能、人类关系、性格发展等问题。

读到这里，我自然感到受宠若惊，但更重要的是，我感到自己的认识得到了支持。我对依恋的热情不是一种疯疯癫癫的癖好，而是对人类个体发展的内涵的合理兴趣。发现其他人和我一样，认为依恋是一个卓越的理论，这让我欢欣鼓舞。

成人依恋关系及其由来

让全世界认识到成人依恋访谈的那篇文章——《婴儿期、童年期和成年期的安全感：升华到表征层面》（*Security in Infancy, Childhood, and Adulthood: A Move to the Level of Representation*）发表于 1985 年，作者是玛丽·梅因、南希·卡普兰和朱迪·卡西迪。两年后，辛迪·哈赞（Cindy Hazan）和菲利普·谢弗（Phillip Shaver）发表了《爱情中的依恋概念》（*Romantic Love Conceptualized as an Attachment Process*），在此之前，安斯沃斯、梅因和其他大多数依恋研究者都是发展心理学家，但谢弗和哈赞是社会心理学家，所以他们侧重于研究依恋如何影响个体的社会生活，而不是依恋的形成过程。

谢弗和哈赞于 1987 年发表的这篇文章十分重要，它标志着基于"依恋风格"的依恋领域形成了，依恋类型可以通过一个自我评估问卷确定，这个自我评估问卷与成人依恋访谈不同。成人依恋风格涵盖较广，说来话长，所以留给读者自己去探究。大体上，成人依恋类型只是延伸了安斯沃斯和鲍尔比提出的传统依恋模式，使传统依恋模式更加适合成年人。如弗莱里所写，按照安斯沃斯的核心概念，婴幼儿和儿童只将父母和照料者作为自己的安全基地，但"当他们步入成年期后，许多人的依恋行为是围绕同龄人（如朋友和恋人）展开的，而不是围绕父母展开的"，而且"研究表明，随着个体与恋人之间的关系趋于持久，他们更有可能将恋人作为依恋对象"。也就是说，随着我们逐渐长大，与周围人群，如朋友、同事、爱人、伴侣等变得越发亲切，鲍尔比所说的内在运作模式也逐渐成为"依恋风格"并进而显现出来。

弗莱里说，需要注意，"（新近）这些纵向研究表明，虽然成人依恋风格在一定程度上来自个体的早期经历，但个体在成年后是否属于安全型并不完全取决于这些早期经历。"这一点与依恋本身完全一样。

那么，我很好奇，到底什么才是决定性因素呢？具体说来，依恋类型的稳定性是如何随时间的推移而形成的呢？为什么大约75%的人能够将自己对依恋的内心状态传递给子女呢？弗莱里在文章中引述了艾伦·苏劳菲的话，他提醒我们说，"个体的早期经历不应被视作个体发展的决定性因素，而应被视作一个舞台，个体在这个舞台上发展最优的心理功能。"弗莱里写道，虽然苏劳菲等人对米茜等儿童的40年纵向研究等项目从一开始就表明了这个观点，但这个观点仍然"与一些关于依恋研究的固化认识（我认为是错误认识）产生了严重的分歧，这些固化认识是，个体成年后的人际功能完全取决于其早期经历"。其实，只要涉及人类，就没有什么"完全取决于"某一个因素，即便是敏感式养育子女与安全型依恋之间的关系，也是如此。我们普遍认为，如果我们在养育子女的过程中保持敏感，就能有效地形成安全型依恋模式和风格，但安全型依恋模式和风格并不完全取决于我们能否在养育子女的过程中保持敏感。

在发现依恋的内心状态和风格在代际传递时缺少明确的可预测性之后，研究人员认真对待这一问题，并将其命名为"传递缺口"。

2016 年有一篇题为《缩小传递缺口》(*Narrowing the Transmission Gap*)的文章，文中写道，"我们通过实验求证照料者的敏感性是否为代际传递的内在机制。实验表明，代际传递中存在'传递缺口'，这一结果耐人寻味。"所谓传递缺口，是指依恋领域的研究人员无法以 100% 的准确性确定依恋模式如何持久地存在并从上一代人传给下一代人，由此，对这个过程的认识中出现了一个"缺口"，但学者们基本上可以肯定的是"不重要"的因素都有哪些。

2016 年的这篇文章针对众多的成人依恋研究项目进行了一场庞大的元分析。文章开篇，作者们就称，"鲜有证据表明，依恋通过遗传进行代际传递"，或者依恋存在于基因中。针对双胞胎的研究项目和其他类似项目已经认定，纯粹意义上的分子层面的适应不会产生依恋模式或依恋风格，但在后文中我将探讨表观遗传学领域中振奋人心的研究成果，这些研究成果表明，环境或生态因素不但有能力干预并影响我们的社会心理发展，而且也确实在干预并影响我们的社会心理发展，包括依恋的形成。

同样，虽然如玛丽所说，"众所周知"，性格是真实存在的，而且在父母敏感式养育子女的过程中，子女的不同性格给父母提出的挑战也随之不同；但是，"目前没有让人信服的证据表明"，性格是依恋的首要决定因素。当然，在研究人类生活时，没有什么问题是简单明了的。新近的一个研究发现，儿童被收养家庭收养后，随着父母给予的情感陪伴的增多，其中"负面情感"最多的个体，即最爱发脾气或最"刁钻"的孩子，也最容易受到积极的影响。另一项研究发现，如果孩子的"负面回应"量表得分较低，即不爱发脾气或较"随和"的孩子，也不容易受到父母敏感性的影响。这个问题和先前讲述的问题一样，完全讲得通。依恋不是数学公式，无法从一定数量的敏感性导出一定数量的愉悦，进而推导出某一特定的依恋模式或风格，但过去多年的研究确实表明，为了形成安全型依恋关系，无论个体是何种性格，个体的关系都可以朝一个方向前进。那么，个体的性格到底是如何施展影响的呢？如布莱恩·沃恩（Brian Vaughn）和凯丽·博斯特（Kelly Bost）所写，"依恋研究领域未来多年的一项重要任务就是解答这个问题。"

说来也巧，我收到的最多的问题也是这个——性格是如何对依恋产生影响的。为了进一步阐释这个问题，我们要再次提到玛丽。如学者 R.M. 帕斯克·费隆（R. M. Pasco Fearon）和杰·贝尔斯基（Jay Belsky）所说，"安斯沃斯从未说过自己认为婴儿与照料者之间关系的发展完全取决于照料者。"也就是说，婴儿并不是白纸一张，可以任由成年人在上面指定依恋类型。同时，"因为安斯沃斯认识到，成年人更为成熟，支配权也更大，所以她认为已经成年的照料者具有较大的影响力。"也就是说，婴儿刚开始接触依恋关系时，已经具有一套自身情况，即学者们所说的"差异化易感性"。但是，即便我们从一个纯粹实际生活的视角看，也只有成年人才具有形成关系的主导性；即便成年人不具备全部的主导性，其具备的主导性也始终多于婴儿具备的主导性。霍华德·斯蒂尔写信给我时曾一语中的，"不可否认，成年人不但具有需求，而且还有责任，但婴儿只有需求。"

虽然父母面对的任务很困难，但只要父母能够做到敏感地养育子女，那么即便是最"刁钻"的子女也会从中受益，不过在某些条件下，父母影响子女的能力也存在一些局限性，这一点很重要！例如，研究发现，在患有自闭症谱系障碍的儿童中，47% 至 53% 的个体属于安全型，与全球平均水平 65% 之间相差不大，这一点令人意外，因为自闭症谱系障碍是"持续终生的神经发育病症，其核心特点是：（1）个体表现出反常的社会沟通行为；（2）个体在不同环境下表现出局限性和重复性的行为。"虽然表现出"反常的社会沟通行为"的自闭症谱系障碍儿童仍然能够形成依恋关系，但这类儿童的病症越严重，其属于安全型的可能性越低。而且更重要的是，2018年的一份研究发现，"在患有自闭症谱系障碍的儿童样本中……在理论上，父母的敏感性和婴儿的安全感之间存在可预测的联系"，但在这类儿童中，如果个体的编码为混乱型，那么这些个体很有可能是较为严重的自闭症谱系障碍患者，这时，"父母的敏感性和儿童的依恋模式之间没有关联"。

这意味着什么呢？这意味着虽然个体天生的特质（如性格、DNA 和生理特征）真实存在，但不是决定依恋模式的首要因素，所以依恋研究领域应当将注意力投向环境因素。

前文提到的有关传递缺口的文章从环境风险因素的角度探究了依恋关系，文章考察的环境风险因素包括父母压力过大、母亲患有抑郁症、家庭暴力以及儿童是否为父母亲生等。这篇文章的几位作者发现，在上述环境风险因素中，每一个都产生了一些细微的影响，使成人依恋表征和儿童依恋模式之间本来显著的联系变得不那么显著了，但这是情理之中的事情。在我看来，这一研究结果并不表明环境（即我们的生活）会打破原本已经预先决定的、代际传递的依恋模式，而是再次提供证据，印证了苏劳菲及其同事对米茜等儿童的研究结果——"个体发展中的连续性及变化都是有条理的、合乎规律的"。当个体的生活出现变故时，代际传递的依恋模式也会随之变化。这些"风险因素"（如家庭暴力、父母情绪波动）持续存在的时间越长，积蓄的力量自然就越大。我们与自身相处得越久，我们的"自我"就会变得越固化。如苏劳菲等人所写，"随着个体不断地适应，其性格越发固化、越发复杂，个体也会越发成为其自身发展的决定因素。"

所以，虽然我们确实受到童年生活的影响，但成年后我们所走的道路以及子女所走的道路，越发地由其自己决定。然而，虽然如苏劳菲所说，环境因素施加的影响是有条理的，或者在一定程度上是可预测的，但这些环境因素过于复杂，所以我们并不总是能够清晰地发现，为什么回避型父母甚至患有精神疾病的父母能够养育出安全型子女，而安全自主型父母却养育出焦虑型子女。虽然在依恋方面我们与父母的内心状态存在关联，而且对于自己所走的道路，我们自身越发具有主导性，但我的哥哥山姆说得很好，这些都不是命运。

传递缺口至今没有愈合。2016 年那篇元分析的文章在结尾处是这样说的，"未来的研究工作应注意找出非连续性背后的深层次机制。"

虽然我们无法准确地知道，每个人的依恋模式和依恋风格是如何在这个人的一生中逐渐形成的，但有关成人依恋风格和发展规律的研究工作，更加丰富了我们对个体的内在运作模式的认识。如果用鲍尔比和安斯沃斯的措辞来讲，那么弗莱里于 2019 年发表的那篇文章探讨了依恋风格具有差异性和等级性。个体的各种依恋关系之间是存在差异的，因为个体的依恋关系是随关系的不同而变化的，而不是我们随身携带的一样东西并均等地施加在与每个人的互动上。在我们的一生中，我们会根据早期经历在内心形成"依恋的普遍表征"。此外，我们还会"对某一类关系（如亲子关系、同龄人关系）形成特定的期待，而且会在这一类关系中对更为具体的某一个关系（如某一个个体）形成特定的期待。"

也就是说，我们与同事的关系、与爱人的关系、与家人的关系之间会存在差异，不过，"在这几类关系之间也应当存在一定程度的条理性。事实上，总体上属于不安全型的个体比总体上属于安全型的个体更有可能在具体的关系中形成不安全型依恋关系。"我就属于这种情况。虽然我与母亲之间的安全感很有可能比我想象的更强，而且我能在最亲密的关系中感到更强的胜任力，但我在朋友关系方面时常表现得失调，并让我大跌眼镜，这肯定与我在早期朋友关系中受伤且缺少安全感的经历有关，但总体上，我现在有很多朋友，而且与他们的关系也让我深感满足。

此外，弗莱里还探讨了依恋关系的等级性，其中涉及"各方知情同意下的非单配偶制"（Consensual Non-Monogamy，CNM）的内容，我认为尤其具有说服力。CNM 是指"在一种关系中，各方同意，可以同时存在多于一个的恋爱关系或性关系。"虽然我本人对这类关系没有兴趣（我认为，经过与查尔斯的关系后，我现在十分珍惜与赛耶之间的稳定关系），但我知道人们有这种念头。CNM 包括多边恋，多边恋是指同时存在多个生活伴侣，这是一种开放式的关系，而且摇摆不定。研究表明，在美国，CNM "较为常见，大约每5 个美国人中，就有 1 个曾有过 CNM 关系。"更让人惊讶的是，"此外，根据康利（Conley）等人的研究发现，处于恋爱关系中的人，有高达 5% 的个体自称当前正处于一个或多个 CNM 关系中。"CNM 关系给依恋理论提出了一个难题，因为我们认为，同样的、具有排他性的等级结构，即鲍尔比所谓的单向性，对成年人而言是最好的选择。

单向性是依恋理论中广泛认可的基础概念，这个概念是指虽然婴幼儿在理论上可以受益于多个重要关系，而且事实上也很有可能会受益于多个重要关系（甚至包括优秀的日托服务），但谈到安全感，或者当婴幼儿处于安斯沃斯所谓的 "情急时刻" 时，如患病、感到不适、害怕或其他任何造成痛苦的因素，那么 "特殊他人" 的地位是不可替代的，这里顺便说一句，这位特殊他人可以不是亲生父母，这一点很重要。也就是说，婴幼儿、儿童既可以与父母（无论父母是男性、女性、异性恋、同性恋或跨性别者）形成依恋关系，也可以与祖父母、寄养或收养父母形成依恋关系。在下文中我将进一步探讨单向性，因为这个概念与父亲有关。

有关 CNM 的研究结果确实引出了一个谜，但研究人员已经找到了一个令人赞叹的答案：在一份包含 1281 个成人的样本中，对CNM 持 "赞成态度" 的个体，其成人依恋风格偏向回避型，而真正存在 CNM 关系的个体，其成人依恋风格则偏向安全型。造成这种反差的部分原因可能是抽样偏差（因为一些个体来自网络上的 CNM 社群），但另一个原因可能和依恋理论的核心概念有关："由于 CNM 关系被污名化了，所以安全感较强的个体可能最容易形成这种背离主流社会操守的关系。"

这个答案让我非常满意。有了安全感，我们就能够与各种势力抗争，包括一些根深蒂固的认识，如我们应当爱谁、应当如何去爱。

弗莱里对依恋理论提出的另一个问题也很有意思，这个问题关系到依恋系统的根本，即进化功能。他说，"当鲍尔比写到依恋在婴儿期的进化功能时，他提出，依恋行为（如呼唤并寻找依恋对象）是适应性的。具体来说，他认为，这类行为可以使婴儿和依恋对象保持亲近，从而降低婴儿受到猎食、虐待或丢弃的风险。"因为安全型依恋能够带来更有效的安全基地呼应，所以说安全型依恋有利于进化，这是讲得通的。然而，一些研究人员提出了这样一个问题：既然这样，为什么还有这么多人属于不安全型？这是一个多么棒的问题！

我认为，社会防御理论（Social Defense Theory，SDT）或许能够提供一个比较有价值的答案。社会防御理论认为，影响人类进化的因素不仅仅是个体的需求（如对安全感的需求），更是个体所在部落或群体得到保护的需求。"例如，重度焦虑型的个体往往对威胁比较警觉，所以他们能够更快地发现环境中的危险迹象。虽然个体可能会承受心理上的代价（如更焦虑、更抑郁），但当个体准确地发现威胁并将威胁传达给群体时，就可以帮助群体存活下去。"这对焦虑症患者而言是一个安慰，毕竟他们没有白白地承受心理上受折磨的代价！

同样，重度回避型的个体往往更加独立。于是，当他们面对环境威胁时，他们可能会专心保护自己。在一些情况下，他们可能会消灭威胁（如把火灭掉）；在另一些情况下，他们可能会找到安全的逃生办法，并为他人所用。研究人员恩多尔（Ein-Dor）和希施贝格尔（Hirschberger）称之为"战或逃的快速反应"，这种反应不仅可以使个体自身受益，而且还可以使他人受益。回避型个体将他人视为威胁，虽然这在与他人形成关系时不利，但这种内在的快速反应对消防员或其他快速响应工种而言很有利。

不安全型个体在群体进化过程中发挥着作用，这一奇妙的新发现与新近针对各类企事业单位的研究结果产生了共鸣。这些研究发现，具备多样性的团队，其执行力更高。弗莱里教授写道，"根据社会防御理论，在面对环境威胁时，个体依恋模式较为多样的群体与个体依恋模式较为单一的群体相比，往往更具有韧性。"也就是说，一个真正强大的团队，其多样性的含义不仅包含种族和性别，还可以包含受教育类型、性格（内向、外向）和依恋风格。

最后，弗莱里在文章结尾指出成人依恋关系的一个新兴研究方向，有研究人员称之为"关系带来成长"。他写道，"依恋理论学家强调，当个体感到紧张、害怕、犹疑时，会将依恋对象作为避难所，寻求依恋对象的鼓励、安抚和帮助……个体面对逆境时，关系可以帮助个体成长，这不仅包括帮助个体缓解压力带来的负面影响，而且包括让个体变得更坚强。"

虽然依恋关系对个体有益的观点并不新奇，但通过成人依恋访谈及"依恋风格"对成人依恋进行研究，又为这个观点做了有益的补充。童年的安全感不只是保护我们不受伤害，还鼓舞我们尽力克服一切困难，包括我们的心魔。

其他某些客体：父亲与子女之间的依恋关系

由于鲍尔比和安斯沃斯在刚刚开展研究依恋时，认为女性是儿童的首要照料者，所以在依恋理论问世的过程中，母亲是主要的研究对象。不过，值得注意的是，本书讲到的三位女性中，有两位女性（即安斯沃斯和我的母亲）自称与父亲的感情比与母亲的感情更融洽。

在本节中，我将介绍一些关于父亲与子女之间依恋关系的研究结果。也许有些父亲缺少照料孩子的经验，他们想变得更敏感，只是不知道如何做，原因之一是自身童年的经历，另一个原因是社会普遍认为，父亲缺乏胜任力、可有可无。但我首先要证明，无论父亲的个人情况如何，父亲都可以提供安全型依恋关系。安全自主型成年人重视依恋关系。我们只需要正视依恋关系。在后文中我将介绍具体的研究结果。

事实上，在乌干达时安斯沃斯就已经提到，一些儿童依恋于父亲及其他一些照料者，包括姨妈和姐姐。著名灵长类动物学家莎拉·赫尔迪（Sarah Hrdy）曾写道，鲍尔比曾在玛丽的启迪下，对依恋对象有了更全面的认识。

鲍尔比认为，母亲是首要的照料者，也是正常情况下独一无二的照料者……（后来）鲍尔比（在安斯沃斯等人的启迪下）提到，一个婴幼儿有可能存在多个照料者，但他的理论模型仍旧以维多利亚时期一夫一妻制家庭分工观念为基础，即妻子以丈夫为唯一性伴侣，妻子负责养育孩子，丈夫负责家里的经济来源。

在鲍尔比对单向性的描述中，自始至终都表现出维多利亚时期的观念。如前文所说，我将进一步探讨单向性，因为这个概念十分关键，可以帮助我们理解在依恋理论的发展史上，人们是如何理解父亲这个角色的。在下文中，我将引述鲍尔比在1958年发表的开山之作，即那篇提出"社交呼应行为"概念的论文。他将母亲视为女王，崇敬之情溢于言表，同时也描述了母亲角色的干巴巴的替代品——一个奶瓶和一块破布。这是暗指育婴箱和父亲吗？

虽然现在我将这5种回应（依恋行为）的对象描述为母亲，但在研究之初，这只是一种可能性。据我们对其他物种的了解，在这5种回应中，每一种回应的对象都有可能是其他某种客体，实际生活中最为明显的事例莫过于婴幼儿吸吮的对象可以是奶瓶，而不是母亲的乳房，而且他们紧抓不放的对象可以是一块破布，而不是母亲的身体……无论婴幼儿为何啼哭——感到冷、饥饿、恐惧或单纯的孤独，他们通常都是在母亲的主导下终止啼哭的。同样，当他们感到恐惧而想要紧紧地抓住什么、跟随什么或者寻找一个避难所时，母亲常常是他们所需的对象。因此，母亲就成了婴幼儿生活中的核心人物，因为在健康的个体发展过程中，婴幼儿的这几种回应的对象都是母亲，仿佛在一个王国中，每一个子民效忠的对象都是女王。同时，这几种回应因为都与母亲有关，所以才能融合为一套复杂的行为，我称之为"依恋行为"……

其他贤淑的女性无论给予婴幼儿多少母爱，都无法再让他们心生满意，只有他们的母亲才能让他们心生满意……

一般情况下，如此绝对化的陈述句需要进一步详述，而且需要添加一些限定条件，但本能回应的对象往往是某一个特定个体或某几个特定个体，而不是随便出现的任何一个个体。我认为，这个倾向十分重要，而且时常被忽视，所以应当给它一个专有名称，我认为可以称之为"单向性"。

上述引文中的第二段"古香古色"，而且具有特定的文化背景，同时也有点让人愤愤不平，其内涵就是依恋理论的核心概念。现在，这句话可以改为：其他"贤良的人"无论给予婴幼儿多少"关爱"，都无法再让"婴幼儿"心生满意，只有他们的"首要照料者"才能让他们心生满意。这就是安斯沃斯率先在乌干达发现的、婴幼儿与特殊他人之间相互带来愉悦的感受，也正是安全型依恋关系的内在属性，只有通过亲近才能形成。

乍看起来，这句话和西尔斯医生的话一样，仿佛给广大父母们，尤其是给广大母亲们判了"无期徒刑"。然而，"其他人都无法再让婴幼儿心生满意"并不意味着广大父母们不能请其他人提供帮助，它只是说，婴幼儿确实依恋于一个人，而且依赖于与这个人保持亲近，玛丽讲述第18号案例中特丽莎和母亲的情况时就表明了这一点。卡巴金对我说"当初是我要把阿嘉丽娅生下来的"时，也正是这个意思。广大父母们只需要做好情感联结就可以了。

但这已经很繁重了。

确实。

自从鲍尔比率先概念化之后，近年来针对各种类型关系的研究表明，单向性具有较高的灵活性。随着时间的推移，儿童，尤其是曾遭受迟钝式养育、忽视甚至虐待的儿童在理论上可以与新的重要他人形成安全型依恋关系，而且在现实中也一定会与新的重要他人形成安全型依恋关系。想要养育出一个安全型的孩子，最好的办法是让一个敏感的照料者照料这个孩子。我们要牢记，这里所说的敏感是内心状态，任何人自始至终都可以达到这种内心状态，无论这个人的经济条件如何、属于哪个人种、属于哪个民族、属于哪种性别，也无论孩子的日托时间长短。这一点玛丽早已发现，后来又被数千项研究反复验证并认可。

安全型依恋是一种内心状态。

我非常赞同玛丽·梅因曾提出的一个术语，也无时无刻地在思考这个术语，即"注意力的灵活性"。她用这个术语描述婴儿在陌生情境中将注意力从父母身上转到玩具上，父母离开后依恋系统被唤起，婴幼儿将注意力从玩具转回到父母身上，最终在父母返回后得到安抚。相比之下，回避型婴儿的注意力就无法这么轻松地在亲子团聚和亲子分离时做转移，这类婴幼儿在亲子分离时即便感到害怕或不适，也仍然会守着玩具，而无法如许多安全型婴幼儿一样，走到门口、大声哭闹。似乎回避型婴幼儿在1岁时，已经总结出应对失望时刻的策略，而且会坚决贯彻这项策略。抗拒型婴幼儿将注意力来回转移，毫无头绪，完全无法安稳下来，在这种情况下，依恋关系不能行使其职责，让婴幼儿恢复体内稳态。

同样，梅因发现，成年人在成人依恋访谈中也表达出注意力灵活性这一品质，能够描述过去的经历（事情的经过）并在当前内心状态下评价这些经历，而且能够在这两种不同类型的认知活动之间来回转移（有些个体无法做到这一点）。成年人口中所说的事情经过与其评价这些事情的方式之间是否形成共鸣，表明该成年人有关依恋的内心状态，如成年人在这两者之间来回转换是否流畅、是否合乎逻辑、条理是否清晰、叙述是否简明扼要、提供的具体说明的程度是否合理，不至于烦琐使叙事无法收场，也不至于粗糙使叙事过于平淡，其"掌握的信息是否翔实"。如果借用我在巴诺书店第一次看到净香·贝克在《生活在禅中》所用的比喻来说，其注意力是否停滞在生命长河中的某一岔路口。个体的注意力缺少灵活性，也就使个体无法展现其生命的某种功能。

我们可以通过注意力的灵活性来理解米茜在与其他小朋友分享饼干的问题上自我管控的能力。当时，她显然不高兴了，所以她从当前的问题中抽出身，稳定好自己的情绪，然后再回到当前的问题中。这种体验被称为"情绪调节"。个体自我调节的能力与个体依恋安全感之间存在极密切的联系，在我看来，它是至关重要的品质，是我们所追求的人类体验的神圣目标。这是因为，如果我们能够调节自己的情绪和生理反应，我们就能活在当下、活在此刻。

许多研究发现正念与安全型依恋之间存在直接关联且个体自我调节的能力是两者之间唯一的媒介就不足为奇了。

因此，在我看来，如果我们想让子女享受我们努力为他们创造的美好生活，就应当培养他们的内心状态，使他们有能力接纳美好的生活。

可是，我们要如何做呢？

无论我们是谁、是否是孩子的亲生父母，为了让孩子成为安全型，我们自身就要成为安全型，我们的内心要变得柔和、更包容、更灵活。我在前文中介绍过自己的经验，我们可以利用斯蒂尔夫妇和鲍勃·马尔文的培训课程，即便是自身成长经历远谈不上理想的父母，也还来得及。

我们不妨举一个突出的例子。耶鲁大学儿童研究中心推出一个依恋培训项目，项目名称为"照看宝宝"（Minding the Baby，MTB），由艾丽塔·斯莱德（Arietta Slade）教授负责。研究发现，经过这个项目的干预后，父母们的反思功能得到增强，从而变得更加敏感。反思功能与心智化概念非常相似，我在前文也曾提到，我的母亲在接受成人依恋访谈时，她的这项得分很高。在研究成果中，斯莱德及其他合著者将反思功能定义为"想象或设想孩子的思想感情的能力，以及通过孩子的行为理解其主观体验的能力"。如玛丽所说，敏感型父母能够"从孩子的视角看问题"。

项目中的护士和社工通过多种方式培养父母们的反思功能。他们为母婴提供基本而具体的关怀，促进母婴在身体和社交两方面的身心健康。同时，他们还会通过以下三方面保障母婴关系的发展：他们会为母亲提供心理治疗、解决母亲自身经历中的问题；他们会帮助母亲搭建其与孩子的敏感型母婴关系；他们还会与母亲建立起互信的关系。当然，这需要时间。"'照看宝宝'这个项目是以关系为基础的，也就是说，干预效果取决于家庭访问人员与婴幼儿的母亲及其家人建立起来的关系的质量。"几位合著者将这种方法称为"厨房中的心理治疗"，这与玛丽在巴尔的摩研究项目中，对第 18 号案例等所做的工作不无相似之处。当父母感到自己得到关爱时，他们也能更好地给予孩子关爱。

从陌生情境实验等评估工具的评估结果看，我们应当认识到，当研究中的母婴二元关系更加注重关系后，其依恋安全性将随之提高。当母亲放下戒备心时，她就能对自己更敏感，也能对孩子更敏感。"研究结果表明，'照看宝宝'项目中，实验组母亲的反思功能与控制组的母亲相比，在接受干预期间更有可能增强。同样，实验组婴儿与控制组婴儿相比，形成安全型依恋关系的可能性要大得多，出现不安全混乱型依恋关系的可能性要小得多。"

这个项目和其他类似项目所强调的不是母亲的重要性，而是关爱的不容置疑的力量，它有能力转换一位家长对于依恋的内心状态。读到这里，读者一定已经意识到了依恋。只要意识到了依恋，我们就走上了正轨，我要再次强调，这个原因很简单，对于一个安全自主型的成年人，依恋比外在成就、外表甚至其他一切事物都重要。无论我们是母亲还是父亲，看一看我们忽视关系时的所作所为，也会有参考价值。

让我们回到父亲这个话题上。因为母亲作为孩子的首要照料者的情况太过普遍，所以广大父亲们在依恋研究领域中已经不幸沦为"其他一些依恋对象"并与奶瓶、破布和保姆混为一谈。直至 2014 年，有一位名叫保罗·雷伯恩（Paul Raeburn）的记者出版了《父亲的重要性》（*Do Fathers Matter? What Science Is Telling Us About the Parent We've Overlooked*）一书，这足以说明问题了。这里可以透露这本书的结论：可以肯定地说，父亲很重要。

说到父亲这个话题，我想到一件事。玛丽·梅因曾为敬爱的恩师安斯沃斯写了一篇文章，下面是文中一个非常有趣的脚注，我们从中可以看出，安斯沃斯对父亲们和母亲们的期望是等同的。

顺便说一句，对于乌干达研究项目中这些不安全型婴幼儿的母亲，安斯沃斯能够从她们所处的背景来分析问题，这表明，在正常情况下，她会分析父母自身正在面对哪些困难，但这也不乏例外，当她发现迟钝型父母时，可能会按捺不住自己的情绪。例如，有一次，我给她放一段录像，一个孩子感到害怕，在一把空椅子下边爬边哭，而这个孩子的父亲目视前方、表情漠然，这时，安斯沃斯没有对这个父亲的漠然表情提出什么有深度的问题，而是气冲冲地对着屏幕大吼，"你个大傻瓜，愣着干什么，想办法呀！"

总体上，玛丽确实花了很大精力研究父母到底遭遇了哪些生活困境，但遇到迟钝型的父亲时，她还是不免感到沮丧，而且沮丧之情一点不亚于遇到迟钝型的母亲时的感受，但在这种情绪的背后，其实是玛丽对父亲的尊重。

关于父亲对婴幼儿个体发展的作用，尤其是对培养婴幼儿依恋安全性的作用，有一个人的见解很重要，这个人名叫迈克尔·兰姆（Michael Lamb），他是一个英国人，在 1973 年至 1974 年间来到巴尔的摩，在约翰斯·霍普金斯大学师从玛丽·安斯沃斯攻读硕士学位。

1974 年兰姆毕业后，写信给安斯沃斯，请她对自己有关陌生情境实验中父亲的研究结果发表意见，他认为，研究结果表明，婴幼对母亲和父亲都没有表现出偏爱。在回信中，玛丽谈得更多的是研究过程而不是研究结果，言语间对这位年轻学者提出了批评，认为他工作草率、不认真。安斯沃斯批评兰姆没有理解鲍尔比和她的研究结果的细微之处，对她的研究结果的认识大错特错，而且也没能理解他自己的研究数据的细微之处。安斯沃斯用打字机密密麻麻地写了7页，然而，她毕竟属于安全自主型，一直重视依恋，所以在信的末尾，她说，"这封信的口气有些像长辈（或许是母亲）批评自己的孩子，请不要介意……衷心祝愿你和洁米（想必是兰姆当时的恋人）一切顺利。"

当然，安斯沃斯对兰姆论文的意见带有深深的个人情绪。然而，玛丽的这篇评论文章具有重要意义，因为它明确阐述了安斯沃斯对父亲的作用的理解，将近50年过去了，期间数万项研究反复证明，她的观点是正确的，这不仅是指她对父亲作用的观点是正确的，而且还指她对依恋理论整体受到的批评的观点也是正确的。这封信可以用于回应当前的诸多批评。

我读了引言就感到恼火，言语间似乎存有挑衅意味，而且强词夺理。给人的感觉就是，对于依恋理论和目前的依恋研究工作，你是完全持批判态度的，但我非常清楚，你认同依恋理论这个总体框架，只是对其中的一些认识有异议。你认为这些认识要么是错误的，要么是夸大的。

如果你真的认真读了鲍尔比的论述，你会发现他的论述是大有裨益的，我读过后就是这样的感受。你应当注意……他在陈述观点和讨论问题时，大多会保持谦虚谨慎的态度、提出假设、遵循逻辑并采用试探性的语气……

我想，你关于父亲的"主张"有点夸大了。我认为你的研究结果表明了这一点。我认为，如果你想指出父亲被忽视了，你可以这样做，但没有必要因为他人专注于母亲就贬损他们，因为这常常完全是因为在实际生活中只能专注于母亲。在陈述观点时，保守一些常常比夸大一些更有效……

我想探讨的第二件事是"单向性"这个概念，你认为它是指一个个体（通常是母亲）是主要依恋对象或首要依恋对象，而不是唯一的依恋对象，你的认识是正确的……在临床研究中，我们不断发现有证据证明，在"情急时刻"，儿童最需要的只有一个依恋对象（几乎总是这个儿童的母亲）……

以我个人的经历为例，我的父亲对我照料得更多，我与他交流的时候，比与我母亲交流的时候更开心，所以我可以说，在"情急时刻"，一些儿童可能更需要父亲而非母亲。然而，从目前的证据看，即便把趣闻轶事也考虑在内，都表明大多数婴幼儿和儿童最需要母亲，这不是因为母亲是天生的依恋对象，而是因为她们一直是主要照料者……

如果你认真读了《乌干达的婴幼儿》，你肯定会发现，我指出过婴幼儿对父亲的依恋。一些父亲离家数月，但回家后就能立即和他们的孩子建立依恋关系，我曾在书中对此表达过惊讶……

让我们做一个假设！假设一个孩子没有主要照料者——没有母亲角色，那么父亲长时间离家在外并最终返回后，能在几天内与孩子建立孩子的第一个依恋关系吗？我不知道这个问题的答案，但我想，让孩子在互动中感到最满足的人，就是率先与他们建立依恋关系的人。

针对具体问题的批评，玛丽逐行写去，洋洋洒洒地写了几页纸。然后，玛丽写道：

最后，请不要认为我这是在对你的研究项目横加指责，也不要认为我反对有关父亲的研究。长期以来，有关父亲的研究一直是一个空白，需要填补，多年来，我一直毫无保留地表达这个观点。

然后，她禁不住继续写道：

另外，如果你想开展自然主义研究，那么你漏掉了一步。你坚持认为父母双方应始终在家。当然，这是差异化研究的一种方式，但从严格意义上讲，你应当趁父亲在家时，在各个时间段做家庭访问，而且告知受访者的家人，要展现平时的生活方式。

后来，迈克尔·兰姆成为一名著名学者及儿童和家庭研究领域中一个重要的声音，他从细小处出发，深刻地改变了广大父亲们的现状，我相信，如果玛丽在世的话会赞赏他的工作成绩。现在，兰姆是剑桥大学一名心理学教授，由于他的努力，今天对于父亲的研究表明，在一些家庭中，父亲是子女的首要照料者或依恋对象，而且父亲在子女的生活中起到重要的作用。此外，在家长陪子女做游戏方面，出现了不少研究成果。虽然母亲陪孩子玩耍的时间较多（如玛丽所说，母亲投入的"呵护总量"更大）、"父亲陪孩子玩耍的时间较少，但研究人员认为，当父亲陪孩子玩耍时，孩子更加活跃、受到的激励更强、被唤起的情感更多，这些能够提高父亲的影响力。"

在兰姆编纂的《父亲在儿童个体发展中的作用》（*The Role of the Father in Child Development*）第 5 版第 1 章中，他写道，"首先，父亲和母亲似乎以相似而不是不同的方式对子女产生影响。父母之间的不同之处与相似之处相比，重要性要小得多，这一点与许多发展心理学家的预期不同。""我们应当认识到，无论是父亲还是母亲，只要家长关爱子女、照料子女、与子女关系紧密，就能对子女产生正面影响。家长对子女的影响力的重要指标是养育方式的特征而不是性别特征。"做好这些铺垫后，兰姆指出了问题的核心并给出了安斯沃斯风格的定论："对于子女的个体发展而言，与父亲和子女所建立关系的特征相比，父母的个体特征，如男子气概、学识甚至对子女的关爱程度，重要性要小很多。"

针对依恋研究的实际结果和陌生情境实验的实际结果进行的元分析结果表明，父亲关爱子女的程度与依恋安全性之间的联系"虽然较为紧密，但与母亲关爱子女的程度和依恋安全性之间的联系相比，明显差一些"，但这种差别的来源仍不明确。一些研究人员提出，陌生情境实验的设计对某一种类型的关爱有利，也就是说，它使母亲对孩子的安抚比父亲对孩子的激励更占优势。研究人员丹尼尔·帕克特（Daniel Paquette）和马克·比格拉斯（Marc Bigras）甚至设计出另一种实验来替代陌生情境实验，并称之为"风险情境实验"。他们发现，研究人员安排同一组亲子既接受陌生情境实验又接受风险情境实验后发现，风险情境实验似乎能够唤起特定的关系模式。此外，实验结果显示，对儿童特征变量（性别和性格）进行了控制处理后，风险情境的核心构想，即家长给予的激励对儿童接受风险起到了重要作用。这些结果表明，风险情境实验有可能对有关人类关系的研究做出重要贡献。

近期，其他研究项目探究了父亲与婴幼儿之间形成依恋关系的具体问题，结果显示，父亲与婴幼儿形成依恋安全性的过程，如陪他们玩耍、照料他们，受到一些简单因素的促进，如当天是周末还是工作日。另一项研究分析了父亲在陌生情境实验中的睾酮水平，结果发现，婴幼儿在陌生情境实验中表现痛苦时父亲睾酮水平的下降幅度，比父亲"教婴幼儿学事情"时睾酮水平的下降幅度要大，这表明父亲的睾酮水平与照料婴幼儿有关。同时，其他因素也会使父亲出现这种生理反应，如父亲的共情能力和婚姻感受、婴幼儿的回应性。研究者还发现，"父亲对女儿比对儿子更敏感，先前一些研究曾将父亲与女儿和儿子互动时的敏感性进行对比，结果与此一致。"

人类之间的生物依赖性是那么难解难分。

目前，依恋研究工作还没有涉足多种多样的家庭系统排列中诸如两位父亲、两位母亲、亲生父母和养父母构成的大家庭。同时，有多项研究对同性恋家庭中儿童的成长状况进行评估后，都得到相同的结论：这些儿童的成长状况良好，在有些情况下甚至比异性恋家庭中儿童的成长状况还要好。这样看来，虽然我们还没有依恋研究结果作为证明，但我想我们可以推断出，性取向和家庭结构绝不是决定依恋安全性的因素。

对依恋的跨文化评估也不例外。不同文化中存在的依恋模式也不尽相同（如在某些非洲文化中，回避型依恋模式似乎不存在），而且依恋行为也因文化而异（如西方父母和孩子之间有亲吻习惯，但乌干达的父母和孩子之间没有这个习惯），但是定论已经在手：依恋是真实存在的，它受敏感式养育的影响，而敏感式养育出现在无限复杂的、因文化而异的因果关系中。

此外，研究发现，个体的依恋模式会在很大程度上影响个体的身心状况，如健康状况、青春期的表现及大脑的发育。这个不断细化的研究方向仍然是要探究环境（个体的成长方式，即"养育"）影响个体身心（即天性）的方式。最近一部名为《孪生陌生人》（*Three Identical Strangers*）的纪录片探究了这个问题，这部纪录片十分精彩。该纪录片讲述了一个令人揪心的故事，一个三胞胎在出生后即遭遇分离。片中为观众出了一道选择题：三胞胎没有生活在一起，但却如此相像，这到底是天性造成的，还是养育造成的？最后，我们发现，其实三胞胎在一些重要方面并非那么相像，而且上述问题本身也不合理。

这部纪录片为观众指出，儿童在个体发展过程中，与父母的关系十分重要。虽然该片的创作者没有使用"依恋"这一术语，但这并不妨碍我们通过依恋去理解影片的内涵，我就是这么做的！说来也巧，该片讲述的故事没有突出母亲，而是关于三个孩子和各自养父之间的关系。

天性与养育的划分是无稽之谈：依恋与表观遗传学

在 21 世纪最让人震撼的研究成果中，有一些来自表观遗传学领域，表观遗传学是一门研究环境对人类基因影响的学科。稍微读一读这门学科的文献就会发现，天性和养育这两股力量之间其实没有清晰的界限，相反，天性和养育始终是相互交融的。通过表观遗传学，我们可以更深入地理解依恋理论。

娜汀·伯克·哈里斯博士（Nadine Burke Harris）在加利福尼亚大学戴维斯分校完成儿科住院医生实习后，开始找工作，她想要利用自己的所学减轻广大儿童的疾苦。2007 年，机会来了。那一年，加利福尼亚太平洋医疗中心聘请她在旧金山一个"高危"地区——湾景猎人角区设立一家诊所，接到消息后，她激动不已。后来，她在自己的著作《深井效应》（*The Deepest Well*）中写道，自己在那里开展工作后不久就发现，"我的患者们都患上了某种难以解释的病症"。

起初，诊所涌现了大量 ADHD（注意缺陷 / 多动障碍）案例和哮喘案例。一开始，哈里斯以为这是儿童的常见病症，但随着案例数量激增，很快，"诊所每天都会接收一些婴幼儿患者，他们无精打采，身体莫名其妙地出现疹子。一些幼童开始掉头发……刚上初中的孩子就患上抑郁症。"有一些病例的情况是孩子们停止了发育，如 7 岁大的小迭戈。当小迭戈的母亲带他去见哈里斯医生时，他已经患有哮喘和湿疹并疑似患有 ADHD，而且身高在 4 岁幼童中为中位。

小患者们面对的健康问题之重、遭受的暴力和恶劣环境之多，让伯克·哈里斯吃惊。伯克·哈里斯询问其中一个小女孩的母亲，是否注意到她的哮喘症有何诱因时（当时常见的诱因是宠物毛屑和蟑螂），这位母亲回答说，"当她的父亲发脾气、用拳头击墙时，她的哮喘症状好像确实会更严重。"类似病例还有很多。

这些小患者们遭受了众多创伤——"父母锒铛入狱、多次被寄养、疑似身体虐待、记录在案的虐待、家庭遗传精神疾病和药物滥用等"。小迭戈在4岁时曾遭受性虐待，同年他的身体就停止发育了。这件事对于整个家庭而言都是一场噩梦，使这个家庭产生了一系列不幸事件，包括他的父亲在内疚之余开始酗酒。受到小迭戈案例的触动，伯克·哈里斯创作了《深井效应》。她写道，"个体的童年逆境和健康受损之间是否真的存在生物学关联？长久以来，这一问题总是在我的脑海中一闪而过。"后来，她了解到一个名为ACE的研究项目。

ACE是南加利福尼亚州凯撒健康计划医疗集团一个团队提出的术语，指童年不良经历（Adverse Childhood Event，ACE）。ACE评分方式很简单：回答以下问题，或者代替你的子女回答以下问题，如果回答"是"，那么得1分，总分就是你的ACE得分。

你在18岁生日前：

（1）父母或家里其他成年人是否时常甚至频繁……骂你、侮辱你、贬损你或羞辱你？或者他们的行为是否使你感到你可能会受到身体伤害？

（2）父母或家里其他成年人是否时常甚至频繁……用手推搡你、揪抓你、掌掴你或朝你扔东西？或者他们是否打过你，而且使你的身体留下伤痕甚至出现内外伤？

（3）是否有成年人或至少比你大 5 岁的人……不正当地触碰或抚摸你的身体，或者让你触碰他们的身体？或者他们是否曾试图和你发生性关系，或者已经和你发生过性关系？

（4）你是否时常甚至频繁地感到……家人都不爱你，或者都不重视你，或者把你视为陌生人？或者家人之间互相不关心，不与彼此保持紧密的关系，或者不互相帮助？

（5）你是否时常甚至频繁地感到……吃不饱、衣服很脏，而且没有人保护你？或者你的父母因为酗酒或吸毒无法在你需要他们的时候照料你或带你去医院？

（6）你的父母是否分居或离异？

（7）你的母亲或继母是否时常甚至频繁地受到推搡、揪抓、掌掴或被他人扔东西？或者她们是否有时、时常甚至频繁地受到踢踹、殴打或被他人用拳头或物体用力击打？或者她们是否曾在至少几分钟内遭到连续击打，或者被他人用枪或刀威胁？

（8）你是否曾与有酒瘾甚至酗酒的人一起生活？或者曾与街头吸毒的人一起生活？

（9）你的家庭成员是否有过抑郁症或精神疾病？家庭成员是否曾企图自杀？

（10）你的家庭成员是否曾入狱？

有一天，与伯克·哈里斯合作治疗患者的心理治疗师给她看了一篇 1998 年发表的著名文章，文章题为《童年遭受虐待、家庭功能不良与成年期多种主要死因之间的关系：童年不良经历》（*Relationship of Childhood Abuse and Household Dysfunction to Many of The Leading Causes of Death in Adults: The Adverse Childhood Expeniences Study*）。伯克·哈里斯写道，"他还没来得及关门，我已经把摘要读完一半了。第一页只读了一部分我就感到似曾相识。我的逻辑链条中只差这一环，现在终于补齐了……"

在伯克·哈里斯成为全科医生之前，她曾获得公共卫生专业的学位。她谈到该领域流传的一个寓言故事，故事背景是 19 世纪的霍乱疫情，人们循着线索最终找到了一口深井，那时人类还没有发现细菌，发现细菌是很久以后的事情。对她而言，这个故事的寓意是："如果 100 个人都从一口井里打水喝，而其中 98 个人患了腹泻，那么，虽然我可以一遍一遍地开抗生素药方，但我更应当停下来并提一个问题，'这口破井里到底藏了什么东西'。"

面对这么多遭受创伤的家庭、这么严重的症状，她在想，"这口深不可测的井"里到底藏了什么东西？

上文提到的 ACE 研究项目发现，首先，ACE 极其常见。该项目调查了 17000 余名个体，其中 30% 是有色人种，70% 受过高等教育。在这份样本中，67% 的个体的 ACE 得分为 1 分，12.6% 的个体得分为 4 分甚至更高。值得注意的是，研究人员发现，个体的 ACE 得分越高，其健康状况越差。具体来说，"儿童遭受的 ACE 越多，其患上慢性疾病的风险就越高。儿童遭受 ACE 后，更有可能患上哮喘等慢性病。成年人遭受 ACE 后，患上 10 种导致成年人主要死因疾病中 7 种的可能性大大提高，包括心脏病和癌症。"她开始理解她所遇到的病症了。她认为，包括小迭戈在内的许多患者，其深层次的病因或这些患者所接触的"毒素"，就是他们不良经历。他们从那口"深井"喝到的毒素，今天称为"毒性压力"。

伯克·哈里斯继续诊治着她的患者们，她不断阅读文献、学习，想要理解毒性压力到底是如何影响孩子们的。随着她的不断努力，她开始注意到，患者家庭中通过代际传递毒素的情况十分常见。一个患有抑郁症的母亲生下一个孩子，这个孩子很快被诊断为"发育不良"，这个医疗术语用于描述孤儿院中那些孤苦伶仃的儿童，他们内心悲伤、不爱说话、身体发育停滞。ACE 大量存在。有一位曾祖母带着曾孙来到诊所，这个小男孩名叫泰尼，他的母亲已经入狱，家中许多成员都滥用药物，现在泰尼在学校表现不好，通过行动化宣泄情绪。

伯克·哈里斯在想，"ACE 是如何实现稳定的代际传递的？据我所见，很多父母都把毒性压力传给了自己的孩子，其连续性比任何遗传病都要强。"

在这些思索中，伯克·哈里斯无意间又发现了另一项研究，她称之为"多代人的 ACE"，但这项研究也可以称为"多代人的爱"。

我称之为"多代人的'愉悦'"。

20 世纪 50 年代，斯金纳等行为主义者开始广泛使用老鼠进行研究。研究人员注意到，老鼠幼崽在出生后三周内，每天受人类短时间触摸 5 至 15 分钟，这些老鼠成年后会变得更加安静、反应更加温和。研究人员大多认为这是人类研究者触摸产生的效果，但一位年轻的神经生物学家——迈克尔·米尼（Michael Meaney）却认为起作用的是另一个因素。人类频繁的触摸使幼鼠受到惊吓，促使母鼠舔舐幼鼠、为幼鼠梳毛，而且"更频繁地采取弓背式哺乳行为，即母鼠在身下让出更多空间让幼鼠吃奶"。

研究人员的干预仿佛鼠界的陌生情境实验，给幼鼠适当的压力，然后观察会发生什么。

米尼博士观察到，母鼠为幼鼠梳毛的能力有高有低——一些母鼠舔舐得更多，另一些母鼠舔舐得较少；也就是说，母鼠与幼鼠之间的安抚关系与人类的依恋关系一样，存在"个体差异"。于是，当研究人员发现，舔舐行为较多的母鼠其幼鼠会更安静，舔舐行为较少的母鼠其幼鼠会更焦躁，就不足为奇了，但研究人员还有更多的发现。

米尼及其同事发现，从母鼠在幼鼠出生后 10 天内的舔舐行为，可以预测幼鼠一生的应激反应状况甚至其下一代的应激反应状况。舔舐行为较多的母鼠生下的雌性幼鼠，以后对其后代的舔舐行为也较多。母鼠给予幼鼠情感的多寡，融入了这些老鼠的生理构成。

这是一种模式。母鼠的行为，即幼鼠生活的环境和对幼鼠的养育，会影响幼鼠的天性。

米尼想要证明融入幼鼠基因的是母鼠的行为模式，而不是幼鼠某种与生俱来的、持久的特质。他在母鼠生下幼鼠后调换了幼鼠，由另一种舔舐行为模式的母鼠哺育。果然，幼鼠的舔舐行为模式与实际养育它们的母鼠给予它们的呵护程度一致，以后这些幼鼠生下自己的幼鼠时，也会表现出它们新习得的舔舐行为模式。

萨阿德·苏丹（Saoud Sultan）于 2019 年发表了一篇题为《基因组时代的健康育儿法：是天性，还是养育》（*Healthy Parenting in the Age of the Genome: Nature or Nurture?*）的评论文章，提出环境不能改变 DNA。他写道，"表观遗传学指出，环境因素对基因具有激活或抑制的作用，但不会改变 DNA 的核苷酸序列。"他还补充道，"我们认为，母亲的行为也是通过这种方式实现代际传递的。"

那么，其内在运作原理是什么呢？具体来说，环境与我们的身体之间会发生一套复杂的相互作用：

对于动物和人类的研究都表明，如果一位母亲自身在童年期间得到的关爱较差，那么这位母亲养育子女时的能力会受到影响。荷尔蒙对母亲行为会产生显著的影响，如催产素可以激发并维持母亲的行为。研究发现，不安全型母亲与孩子互动后，其体内催产素含量比安全型母亲的低。此外，母亲自身在生活早期得到的不良养育会对其大脑形态（如海马体）产生负面影响。同时，这种不良养育还会影响母亲大脑各区域，如海马体、黑质纹状体径路和脑岛，在子女发出刺激信号时的响应能力。

虽然睿智的科学家们（及科普作者们）通常拒绝将人类与老鼠联系起来，但是，即便动物行为不完全是人类行为的翻版，我们仍可以通过研究动物打开一扇窗户，了解我们自身行为的一个方面。瑞士科学家玛利亚琉嘉·斯皮内利（Marialuigia Spinelli）在 2017 年写道，"值得注意的是，米尼的（老鼠）实验结果与约翰·鲍尔比从动物行为学角度提出的依恋理论非常相似。"然后她进一步提出，婴儿发出信号后，敏感型照料者与婴儿之间通过社交呼应行为实现同频的这一交互过程，"就是婴儿个体发展的基础……这套（依恋）行为能够让照料者留在婴儿身边，使婴儿在探索环境的同时得到保护和鼓励。"也就是说，婴儿与照料者之间存在共同调节，仿佛母鼠对幼鼠舔舐与梳毛，通过表观遗传形成依恋，即通过环境影响基因形成依恋。

斯皮内利继续写道，"可以说，鲍尔比（与安斯沃斯）描述的这套（安全基地）行为是母亲（照料者）留给后代的表观遗传结果。"这意味着，我们之所以能够习得敏感，不仅因为父母注视我们时眼神中充满了关爱，而且因为敏感是通过我们的基因由内而外表达出来的。

对人类进行表观遗传学方面的实验较为棘手，因为要测出环境对个体基因的影响，就需要环境出现较大的改变。然而，有一种自然存在的实验形式提供了绝佳的实验机会，这就是寄养。寄养是一种常见做法，即儿童由亲生父母以外的人养大，依恋研究人员已经做了研究。果然，近期有关寄养家庭的研究发现，寄养婴儿的陌生情境实验结果和寄养父母的内心状态之间的关联度为72%，这个关联度与亲生亲子家庭的数据基本上完全一致。这个项目的研究人员认为，"这些数据表明，依恋的代际传递存在非遗传性质的机制"，也就是说，我们的养育行为的好坏是重要的，而且非常重要。然而，良好的养育行为无法通过列一个注意事项清单、再按照清单逐项去做来实现的。良好的养育行为是一种品质，而要具备一种品质，谈何容易。

如一位学者所写：

应当注意，虽然研究人员为了确定表观遗传对母亲行为的影响进行了大量研究，但这些研究的结果之间存在矛盾，所以这方面的研究目前仍不明朗。此外，我们难以将表观遗传因素与其他环境因素分开，从而确定表观遗传这一个因素对养育行为的影响程度并单独予以研究。因此，想要将遗传影响原理和环境影响原理结合起来并找出影响依恋过程与母亲行为的所有因素，可谓难上加难。然而，能够理解这些因素如何相互作用并最终影响母亲行为，有助于制定出全方位的治疗方案。此外，由于个体的大脑具有可塑性，而且表观遗传产生的影响可以通过个体经历予以改变甚至逆转，所以一旦确定生物标志物，就可以为具有较差养育经历的母亲制定干预方案。

抚养子女同时自我成长，这既不是按照"注意事项清单"逐项去做，也没有"对错"之分。我们每个人都深藏奥秘且难以捉摸，我们的品质是一条无穷无尽、神秘莫测的因果规律凝结成的产物（当初是你要把我生下来的）。虽然童年得到关爱的数量和质量对我们的影响很大，但对我们影响最大的是照料者对于我们的感受，这又源自照料者对于自己的感受。如玛丽所说，照料者所感受到的且融入他们行为中的是我们称为依恋的"这种内在的东西"。于是，照料我们的人感受到什么，我们就会成为什么，而且传递给我们的子女，如此生生不息。

我们传递给子女的这种东西，也可以称为"敏感性"。这听上去那么简单、明了，但"照料敏感性"这个概念，是玛丽先后在乌干达和巴尔的摩认真观察当地婴儿在出生后第一年内与母亲形成依恋关系的过程、又在陌生情境实验中予以测试后才提出的，而且使鲍尔比提出的社交呼应行为焕发活力的正是这个概念。有效的养育不是指父母具备某种特殊的性格特质或优势，也不是某种可以习得的技能，如骑自行车等；它是处理人类关系时的柔韧度、注意力的灵活性，是在他人身上观察自身、在自身中观察他人的神奇能力。我们是否具备这种能力、是否具备这个意愿，一个内心懦弱的人是不敢坦然面对这些问题的。

事实上，正如我在前文中所说，如果玛丽也曾为人父母，也曾感到孩子在她心中的重压而步履艰难，那么她是否还有胆量和决心深入地探究依恋这个微妙的过程呢？

坦然面对玛丽·安斯沃斯的敏感性量表

《母亲照料行为与互动行动量表》（Maternal Caregiving and Interaction Scales）是 20 世纪玛丽在巴尔的摩项目中为受访母亲行为进行编码时所用的工具。这份量表共 25 页，涵盖她的观察结果和她对这些观察结果的解读。这些对于母婴的观察结果深入、细致，通过探究这些观察结果，玛丽能够捕捉到受访母亲最为敏感和最为迟钝的一面，以及受访母亲内心最为黑暗、最为自私的方面和最为冷酷、最为露骨的细节。这个量表包含 4 个子量表：（1）对孩子发出的信号表现敏感或迟钝；（2）配合或干涉孩子的行为；（3）身心陪伴或忽视、忽略；（4）接纳或拒绝孩子的需求。这个量表可谓面面俱到，不放过任何一个细节。此外，这个量表不仅可以用于母婴，而且还可以用于我们生活中的每一种关系，只怕我们不敢去用。

这个量表是一份精密而有力的材料，甚至可以说是一篇论文，1969 年经玛丽修订并油印成册，最终作为 2015 年版《依恋模式：陌生情境的心理学研究》一书的附录首次正式出版，这本著作就是玛丽所做的巴尔的摩研究项目报告。在我看来，这份量表最为有力地展示出，玛丽通过极其出色的观察力（有些神奇甚至有些神秘的观察力）和近乎无情的坦率态度，如实地描述了人类之间是如何相处的，包括我们"找到他人的频道"、实现与他人同频的神奇过程，以及我们脱离他人的"频道"的过程，这个过程虽然不那么可取，但也完全是人之常情。

在 4 个子量表中，每个子量表的评分都包含 9 分，巴尔的摩研究项目中每位受访母亲都得到一个分数。具体而言，在第一个子量表"敏感或迟钝"中，"母亲准确解读孩子所发出信号的能力包括 3 个主要构件：（1）母亲的觉知能力（前文已经有所讨论）；（2）不曲解孩子信号的能力；（3）共情能力"。量表评分由低至高，最低为 1 分，表明母亲极其迟钝，"似乎只能顾及自身的意愿、情绪和活动"，最高为 9 分，表明母亲具有与孩子实现"敏锐"同频的能力。

在第二个子量表"配合或干涉"中，"配合能力明显"的母亲"认为孩子具有独立人格，是一个活跃、自主的人，孩子的意愿和活动有其自身的价值。"同时，"干预极多"的母亲"似乎认为，孩子从属于她，对于孩子，她完全有权按自己的意愿行事"。

在第三个子量表"陪伴或忽视"中，"陪伴能力极强"的母亲"对孩子的所在之处非常警觉……她似乎有一个选择性滤声器，即便孩子在婴儿房中小睡时，也能与孩子保持同频、听到孩子发出的任何声音。她能够分配自己的注意力"。同时，"极其缺乏陪伴以至于忽视甚至完全忽略孩子的"母亲"在大多数时间里都在想自己的事情、做自己的事情，完全没有注意孩子"。

最后，在第四个子量表"接纳或拒绝"中，"极其接纳孩子"的母亲"在接受责任、照料孩子的同时，认为孩子有自己的意愿，应予以尊重，即便孩子的意愿与她的意愿相悖，她也会尊重孩子的意愿"。"极其拒绝孩子"的母亲可能会说"她后悔生下孩子"。

乍一看，这个量表的措辞很严厉。我第一次见到这个量表时，以往我对阿嘉丽娅的表现——自私、大发雷霆、想要抛开她而独处——又浮上心头，让我不安，但同时我发现，我还是很关心她的。在"陪伴或忽视、忽略"子量表中（连子量表的名称都让人触目惊心），我很有信心，自己的一些方面能得到 9 分（陪伴能力极强）："母亲会想办法，使她不会找不到孩子、孩子也不会找不到她。"毕竟，阿嘉丽娅 5 岁前，我一直用背巾把她背在身上；同时，我也很像 5 分的描述（陪伴时多时少）："母亲对孩子的陪伴时多时少：时而长时间密切陪伴，时而又似乎忘了孩子的存在。"此外，恐怕我还存在得 1 分的情况（极其缺乏陪伴以至于忽视甚至完全忽略孩子）："母亲只在有意识地想要对孩子做什么或为孩子做什么时——如想要郑重其事地做一件事时，才会注意并回应孩子。"想要郑重其事地做一件事？哎，玛丽，你所指的一定是我写这本书的事情吧？我的心就这样被你置于众目睽睽之下，多么真实、多么不堪，如果我可以咽下这杯苦酒，我甚至会赞叹你敏锐的目光。

起初我认为，玛丽为广大母亲们设立了不现实的标准，但通过阅读大量文献并领会其中的内涵，我逐渐认识到自己误会她了。因为玛丽花了大量时间接触广大的母亲们，她知道，愤怒是一位母亲的正常情绪；她还知道，我们的文化偏偏认为，母亲不应对子女怀有愤怒的情绪。所以，母亲们可能会压抑或回避这些感受，同时表现出一种并不真实的热度，但这不是虚伪，因为我们都想把自己最好的一面呈现给子女。然而，作为一名研究人员，玛丽发现，巴尔的摩研究项目中存在大量这种虚假的面孔，她提醒编码员注意，不要受到这些"虚假的接纳型"母亲的迷惑，她们通过"长期隐忍的办法"回应孩子。实际上，"安斯沃斯已经注意到，情感上的热度与个体敏感性无关，我们无法通过它来区分安全型婴儿的母亲和不安全型婴儿的母亲。"我第一次读到这句话时，想起了我的母亲，她总是亲切地称呼我。以前我认为，她一边这么亲切地称呼我一边又没有在情感上拉近与我的距离，是自相矛盾的；但从那时开始，我对这些称呼有了不同的感受，这些称呼更像是一位充满关爱的母亲在呼唤自己的孩子，她表现出的热度既肤浅又深沉。

虽然这个量表很复杂，但通过多年的研究，我逐渐领悟并感叹于玛丽的睿智之处，而且毫无保留地赞同她对自己观察结果的解读。这个量表的对象绝不仅仅是母婴，玛丽通过它所描述的，是爱的纲要，这份爱的对象可以是任何人，甚至包括我们自己。它是一份指南，一步一步地指引我们的内心，认同我们自己，然后认同他人，然后再认同我们自己，然后再认同他人，如此反复。

极其敏感的母亲"'解读'孩子发出的信号和交流信息的能力很强，即便孩子传达的信息不易察觉、微乎其微，她也能领悟其中的含义……当她感到不应当满足孩子的要求时，如在孩子过于兴奋时、过于专横时或要求过分时，她首先会理会孩子的信号，然后机智地另想办法满足孩子。"

让我们想象一个与自己交流的情境：贝丝妮，我知道你很想吃那包薯片，这很正常，你想吃也好，不想吃也好，我都会爱护你；但是，其实你只想得到安抚，那么我们先带狗狗去溜达一圈，好不好？

玛丽明白这一点。"我们认为，孩子到来后（或者其他任何人到来后），我们有可能会面对一个矛盾的情境——对于每一位母亲而言，既有正面的因素，也有负面的因素……我们关心的是，母亲（或其他照料者）在现实生活中，如何在这两方面之间达到平衡。"

作为一个人、一位母亲，我们如何在正面感受和负面感受之间达到平衡呢？尤其如玛丽所写，当"社会规范要求广大母亲们要爱她们的孩子而不能拒绝她们的孩子"时，我们如何做到这一点呢？要想做到敏感、活在当下、掌握翔实的信息，就要清楚地认识自己。玛丽曾谈到一些母亲，这些母亲否认自己的愤怒感受，或者"像受虐狂一样满足孩子的要求""在孩子行为的激发下，她们会压抑自己的攻击性，除此之外，她们与孩子之间便再没有什么关联了"。这句话戳到了我们的痛处。想要掩盖自己的愤怒情绪是行不通的。我们必须发现它、承认它、接纳真实的自己。这很像坐禅出现杂念时的状况（杂念的产生是必然的，它的出现只是时间早晚的问题）：发现杂念、承认它的存在并由它去吧。同时，当我们与自己真正达到亲密无间时，是无处遁藏的。然而，我们更应该认识到，"在一个明确充满温暖与关爱的积极关系中，片刻的愤怒情绪和怨言不应被给予过多的分量。"

尽管我不断探究、接受各种测试、认真思考并从中得到快乐，但我的内心仍然隐隐地感到忧虑。虽然在现阶段看起来我和阿嘉丽娅基本形成了安全型依恋关系，但我仍然担心，她最终会和我一样，成为半个青少年罪犯、一个伤痕累累的人、青春期行为不羁的人、一具缺少安全感的躯壳。虽然我的测试结果是安全型，但我仍然无法完全说服自己接受这个测试结果。我担心，阿嘉丽娅读了这本书并发现我们母女生活的残酷现实，会做出什么反应。我不断地重复老一套的认识——我因为某种原因被毁掉了，即便经过这么多年，我不断探究并发现这种认识是错误的，我仍然不断地重复这个认识。我不再像过去那样深深地自责，而且我知道，从鲍尔比提出的一体性概念和社交呼应视角看，我的不安就是阿嘉阿丽的不安，认识到这一点很有帮助。我爱她，要保护她。

也许我要保护的，是我自己。

也许像一位"干预过多的母亲""对婴儿的爱不过是自恋时的延伸，这类女性往往认为孩子是自己的财产，有生命的财产也好，无生命的财产也好，反正是她的"。

但我并不这么认为，至少不完全这么认为。

也许我的认识介乎于两者之间。

也许这两者之间压根儿没有分明的界限。

也许我是在为了前进而前进，也许我认为，这样对每个人都好，至少不会让任何人伤心。敏感、柔和一些，再柔和一些，包涵一切。不要紧张、不要焦虑。我只是一个普通人。我心里想着，如玛丽所说，人类就是这样的，只是有些时候我们不知道，"这样的"到底是指什么。

最后，如玛丽在《乌干达的婴幼儿》一书的末尾所写，"我们的心很难长时间保持开放，然而，这是对科学工作者的要求。"保持开放的心就是问题的实质。此外，不只是科学工作者，还有广大的母亲们、父亲们、儿童、恋人、朋友甚至陌生人，都应该保持一颗开放的心。不知且不执着于知，就是最亲切，这也是禅修中贯穿始终的教诲。只有当我们放下期望，才能让自己真正活在当下，与眼前人和镜中人在一起。

也就是说，保持开放的心很难，但并非不可能。1968 年，玛丽的优秀学生西尔维娅·贝尔对自己的论文及研究方向没有把握，于是玛丽写了一封充满关爱的长信，安慰并鼓励她。她在信的开头写道，"在我看来，你给自己的压力太大了，明智的做法是为自己减压。"对于我们每一个人而言，这都是一剂良方。

接下来，玛丽在信中讲述了自己的一件往事。

我在接受精神分析治疗期间，我的治疗师虽然对我的研究工作很感兴趣，但言语间却流露出我的研究领域是所有研究领域中难度最大的。虽然他没有说这是"任何人都不敢涉足的地方"，但我觉得他就是这样想的。让我们正视现实，我们的研究领域确实是一个复杂而微妙的困难领域。一些问题表面上无足轻重，但影响巨大。

玛丽又谈了自己的研究工作，并说"每位研究人员都要维护自己的尊严、捍卫自己研究成果的正当性"。然后她写了一些话，现在读来仍让我感动，仿佛此刻、就在本书所描述的心路历程的终点，她在向我说临别赠言。她说，"所以，要保持一颗开放的心。我相信，你的研究成果一定非常显著，你发现的东西一定具有重大的价值。"

我真心希望如此。

最后，玛丽叮嘱道，"但你发现的东西可能不完全是你或我所期待的东西。我们发现的东西起初往往是意料之外的！"

难道不是吗？

致 谢

本书创作过程长达 10 年，如果算上我的前半生则会更久，所以，我要感谢的人很多，他们为我创造了条件，使我能够全身心地投入到这样一件个人化较强、耗时费力的事情中。

我在卡兹奇山禅院结下了一些友谊，这些友谊持续至今。这些友人陪我度过了在禅堂以泪洗面的早期岁月，后来又伴我度过初为人母的日子，再后来又陪我走向依恋领域和踏上这场心路历程，直至本书问世。我们一起经历过沉寂、喧闹、成年、婚姻、破裂、弥合、生老病死、无数次吃饭饮酒、唱歌——所有的酸甜苦辣。这座成年人依恋村的可爱成员包括丽萨（Lisa）与亚当（Adam）、柯斯汀（Kirsten）与克里斯（Chris）、邵恩（Shoan）与格肯（Gokan）、朱迪（Jodie）与安德里亚（Andrea），还有他们可爱的孩子——艾略特（Elliot）、柯罗伊（Chloe）、巫娜（Oona）、希亚（Thea）、艾拉（Ella），他们从 3 岁至 26 岁不等。他们都对我有过各种各样的帮助。

感谢余空（Yukon）为我做周日晚餐，感谢贺金（Hojin）为我变魔术，感谢朱依科（Zuiko）和安谨（Onjin）陪我一起在大屏幕上观看陌生情境实验。

感谢戴多，他曾鼓励我对自己要有信心。感谢修验（Shugen）为我指引道路，甚至为我开阔眼界。感谢卡兹奇山禅院的僧侣为我点灯。

感谢我的朋友们，他们既聪明又善良，从没有对我和我迷恋的东西表现出厌烦的情绪，也没有在这项巨大工程出现跌宕起伏时表现出厌烦的情绪。他们耐心倾听，提出问题，准备餐饭，四处奔波，承担了过多的聚会，四处接送我们，关爱我们一家人，阅读这本书的手稿并提供反馈意见。这些朋友是安娜斯塔西娅（Anastasia）、霍莉（Holly）、多萝西（Dorothy）和斯考特（Scott）、格蕾丝（Grace）与JD、洁茜（Jessie）与斯蒂夫（Steve）、伊丽莎白安娜（Elizabethanne）、艾米（Aimee）、玛雅（Maya）、道恩（Dawn）与安迪（Andy）、阿德里亚娜（Adrienne）、海莉（Hayley）与马兰（Marlan）。还有阿嘉丽娅的亲密小伙伴们——奈多（Nadou）、埃利斯（Iris）和索菲亚（Sofia），他们以各种方式不断地鼓励她。

感谢艾丽卡·凯斯温（Erica Keswin）让我住在她家，她为人温和、言谈诙谐，在与她的友谊中我感受到了人性的美好。

感谢克里斯托尔（Crystal）像家人一样待我。

感谢卡蒂娅·弗莱德曼 - 布什（Katya Friedman-Bush）与劳拉·米兰多（Laura Merando）在我写书期间对阿嘉丽娅保持敏感、与她同频。

感谢赛耶的家人——珍妮（Jean）、戴维（David）、内尔森（Nelson）、拉文达（Ravinka）、奥利弗·凯斯（Oliver Case），他们接纳了我，让我成为家庭一员并悉心照料我们，尤其是阿嘉丽娅。他们最常问的问题是"是否还需要帮忙"，其实他们已经给予我们很大的帮助了！戴维和珍妮总是过于慷慨，本书能够问世即是证明。

感谢我的代理梅格·汤普森（Meg Thompson），她是我的女神。她凭借敏锐的目光，发现我的经历有些价值并通过运作最终使本书问世。感谢兰登书屋的编辑帕梅拉·坎农（Pamela Cannon），她独具慧眼，选择了本书并指引它脱胎成形。感谢楠·萨特（Nan Satter）不厌其烦、认真地编辑并跟进每一处微小的改动。感谢兰登书屋的莱克茜·巴赛德（Lexi Batsides）用心安排、协调。感谢威尔·帕尔默（Will Palmer）精心润稿，他在工作时极其认真、细致。用一句话概括，那就是"亲切"。

感谢我的偶像薇妮斯蒂·马丁（Wednesday Martin），是她给了我创作的勇气，本书的书名也是受她启发。感谢我的良师益友安德鲁·所罗门（Andrew Solomon）教给我如何在网上搜索信息并给我鼓励，他还建议我可以按贺年卡的语气写致谢内容。感谢《纽约时报》杂志前执行编辑劳伦·科恩（Lauren Kern）教授我如何编排我的叙事结构并示范如何做一位专业作家。

感谢希尔·雷诺兹（Sil Reynolds）帮我愈合破碎的心，显然我的心从未破碎。

感谢吉娜·埃塞克斯（Gina Essex）赋予我特别的力量。

许多学者都曾读过本书的不同版本、书稿或节选，而现在我已经将他们视为好友。虽然如此，但假如本书仍存在任何错误、疏漏或谬误，都是我一个人的责任。

说到这里……

我要感谢艾伦·苏劳菲对玛丽、米茜和我的信任。他读过本书的许多版本，与我通过很多次电话。他为人真诚，我向他问了几百个问题，他都耐心、准确地做了解答。

感谢霍华德·斯蒂尔信任我、向我提出深刻的问题、发来各种研究论文供我参考，我给他发了无数封邮件，每次都说"再问一个问题"，他都一一给予解答。我苦心钻研各种研究论文和统计数据时，他对我有求必应。感谢米莉安·斯蒂尔对广大母亲和孩子的奉献、对成人依恋事业的执着，当一些访谈记录让我大为惊讶时，她能理解我。

感谢鲍勃·马尔文和雪莉·马尔文邀请我去他们家里做客，我们共进晚餐、共饮葡萄酒，他们向我讲述对玛丽的敬爱之情，并允许我翻阅那么多箱的笔记。感谢鲍勃与我畅谈数个小时，他先是信誓旦旦地表示，自己记不起往事了，然后他的记忆却又像开了闸的洪水，不断地回忆起他敬爱的玛丽的故事及陌生情境实验的来龙去脉。

感谢许许多多的依恋科学研究者，他们为我解答问题，给我发他们的研究论文，激励我、鼓励我。特别感谢马里努斯·范·伊日多恩（Marinus van IJzendoorn），他是一位威严而著名的元分析专家，曾在关键时刻帮助过我。

感谢丹尼尔·J.西格尔，他曾在本书创作之初与我通话，讨论本书内容与获得性安全感的话题。

感谢阿克伦大学卡明斯心理学史档案中心的工作人员和哈佛大学拉德克利夫高等研究院的工作人员，他们曾为我提供细心的帮助。

感谢格蕾西·史密斯（Gracie Smith）和妮娜·奥利维蒂（Nina Olivetti），她们对本书创作之初的研究工作提供了大力支持。

感谢瑞秋·马丁（Rachel Martin），她的注意力灵活自如，研究工作、事实核实工作、参考文献列举工作都完美无缺。

感谢乔安娜·帕尔森（Joanna Parson）所做的成人依恋访谈记录，她与受访者实现了同频，让人赞叹。

感谢腓尼基美人酒店的汤姆（Tom），有一年冬天的几个月里我住在酒店里进行创作，他允许我在客房里焚香。

感谢麦克（Mike）叔叔，他代我的父亲读我的书稿并和我通话。

感谢凯茜（Kathy），她代我的父亲读我的书稿，允许我说出真情实感并尊重我们的依恋关系，而且积极地参与这段依恋关系。

感谢山姆和麦特把他们的一些往事讲给我听。

感谢舅舅、姨妈和表妹一家，他们为人善良、坦荡、快乐。特别感谢史黛西（Stacy）为我读书。感谢布伦特（Brent）和凯伦（Karen）来看望我。

感谢格蕾特尔·埃里希（Gretel Ehrlich）创作了《冷的天堂：格陵兰岛的七个季节》（*This Cold Heave: Seven Seasons in Greenland*），这本书给我留下了印记。

感谢罗伯特·凯伦（Robert Karen）创作了《依恋的形成：母婴关系如何塑造我们一生的情感》（*Becoming Attached: First Relationships and How They Shave Our Capacity to Love*），这本书完美无瑕。他曾见到玛丽本人，真幸运！

感谢我们的狗狗，它是我家的贵宾犬，每天坐在我的身旁、给我带来安慰，它忠贞不贰，时而高贵、时而犯傻。感谢玛丽莲一直做它的阿姨和依恋对象。

感谢赛耶，我在禅院斋堂见到他的那一刻，他为我打开了爱情的一扇窗。他读过本书的每一份手稿并实实在在地经历过其中的痛苦与狂喜、关爱与渴望，而且我们之间体验过这个世界上存在的每一种依恋模式。当我忙于写作、不可开交的时候，他带我参加《超级碗》（*Super Bowl*）聚会。他帮助我清楚地认识到自己平凡而伟大的心路历程，而且他是这个世界上唯一一个真正懂它的人，他懂得本书的每一个字。他曾对我说，玛丽·安斯沃斯像是我的老恩师，他说得没错。

感谢阿嘉丽娅。现在，她已经是一个既聪颖又爱笑的少女了，实在不可小觑。具有讽刺意味的是，我很少陪伴她。我要么把自己关在书房里，要么就干脆不在家、在民宿或酒店里写这本书。在她13岁生日时，我问她是否想读本书中关于她和我们母女两人的内容，她说，"以后再说吧。"感谢她无暇顾及本书，而且我相信，有一天她真的读了本书并发现我对她的某些认识是错的，她会原谅我，同时，如果她发现我对自己的某些认识是对的，她也会原谅我。

感谢我的母亲莉比·索特曼（Libby Saltman），她掌握的我的信息十分翔实。我看待她的视角不断成长且带有批判性，但她不顾心理上的不适，坚持读我对她的描述。她对爱的标准很高。她培养了两代人之间的关爱，即便是通过视频通话和短信形式也无可厚非。虽然她迫不及待地想知道本书的创作进展和相关情况，但她没有问。我给她打电话时，频繁使用车里的免提功能，虽然她心里烦得要命，但口上却总是说她很开心。我相信她确实很开心，而且她比其他任何人都知道如何说服我。